JN123993

グリッドで理解する

電力システム

岡本 浩 著
Okamoto Hiroshi

日本電気協会新聞部

グリッドで理解する電力システム

はじめに ―持続可能社会の共創基盤としての「電力グリッド」―

菅義偉首相が２０２０年10月臨時国会の所信表明演説で、２０５０年までの温室効果ガスのネット・ゼロ・エミッションの方針を示したことが大きな話題となっています。でも、温室効果ガスのネット・ゼロ・エミッションやカーボン・ニュートラルなどと聞いて、それが実際のところ何を意味しているのか、ピンとくる方は意外に少ないのではないでしょうか。

車で移動したり、料理をしたり、工場で生産を行うなど、私たちの生活や産業活動は、ありとあらゆる場面で化石燃料（石油・ガス・石炭）由来のエネルギーに依存しています。化石燃料の代わりに電気を使えば二酸化炭素（CO_2）は出ませんが、そのための電気をつくる際に化石燃料を燃焼させることでCO_2が発生しています。これは最近期待を集める水素でも同じことで、水素を燃やすときにCO_2は出ませんが、化石燃料から水素をつくればそこでCO_2が発生してしまいます。とすると、化石燃料を使わずに電気をつくり[i]、その電気で水素（グリーン水素）をつくり出す必要があります。そして動力や熱などのあらゆるエネルギー消費は、電気か水素[ii]によってまかなうことが必要になります。

カーボン・ニュートラルを目指すには、エネルギー利用と供給の両面を、完全に脱炭素化していかなければなりません。人類の文明は「火」の発明によって始まったわけですが、持続可能社会の実現に向けて、われわれは「火を再発明」[iii]しなければならないのです。カーボン・ニュートラルはそれほどに野心的な目標であり、エネルギーシステムのフルモデルチェンジ（トランスフォーメーション）を必要とします。

その中で再生可能エネルギーに大きな期待がよせられています。再生可能エネルギーは発電時にCO_2を排出しませんが、日照や風況など自然状況により発電量が大きく変動し、そのままでは需要とマッチしません。また、家庭の屋根の上に置かれる太陽光発電はエネルギーの消費場所に近接していますが、規模の大きな太陽光発電所やこれから建設が進むと期待される洋上風力発電などは人口密度の高い消費地から離れた場所に立地されがちです。

持続可能な社会の実現に向けて、時間的・空間的に離れたエネルギー需要と、再生可能エネルギーなど脱炭素化されたエネルギー源をつないでマッチさせる役割を果たす「電力グリッド」は、今まで以上に重要な社会インフラになっていきます。

トーマス・エジソンによる電気事業の誕生以来、お客さまに電気を送り届ける送配電ネットワークは大規模化・大容量化の一途をたどってきましたが、大規模集中型から分散型へのシフト、

DX（デジタル・トランスフォーメーション）などのイノベーションによって、新たな「電力グリッド」へと姿を変えつつあります。激甚化する自然災害によって引き起こされる大規模停電も問題となっており、地域に普及していく分散型エネルギーをいざという時に最大限活用可能とすることが求められています。一方、遠隔地の大規模な発電設備（洋上風力もそうです）も必要ですから、より広域化していく大規模システムと分散システムの統合が求められます。この変革の実現には、様々な関係者や企業による共創が必要となります。これからエネルギーシステムの変革に関わる多くの関係者にとって、その理解が欠かせません。

本書は、一般にはなじみがなく、分かりにくいとされる「電力グリッド」の過去・現在・将来の姿を、できるだけ分かりやすい形で提示することで、多くの方に関心を持っていただくことを意図して執筆しました。このため技術的な正確性よりも理解しやすさを重視し、「電力グリッド」の役割を直感的に理解していただけるように、ざっくりしたアナロジーを多用しています。

多くの読者の関心が高いと思われる個別テーマや話題については、「テーマ解説」や「コラム」などで解説しました。本文でまず「電力グリッド」の現在・過去・将来の流れや底流にある基本的な考え方を俯瞰していただき、それぞれの関心に応じてテーマ解説やコラムもお読みいただければと思います。

幕間には、データ×ＡＩ時代に世界から後れを取りつつある日本の再生とそのための人材育成の必要性・方法論を提唱してベストセラーとなった『シン・ニホン』の著者である慶應義塾大学環境情報学部教授の安宅和人さんに登場いただき、データ×ＡＩドリブン時代の電力エネルギーの近未来を垣間見ながら、電力の世界をディスラプトする人材について論じています。

持続可能社会の実現に向けて、「電力グリッド」がＩｏＴやモビリティなどのインフラと融合する新たな世界に突入していきます。この本が、読者の皆さんが日本のエネルギーの未来を創っていく一助となれば、筆者としてこれにまさる喜びはありません。

２０２０年12月

岡本　浩

i　あるいは発電時に発生したCO_2を吸収することも考えられます

ii　バイオマス資源を燃焼させることも含まれますが量的には限りがあります

iii　米国ロッキーマウンテン研究所の共同創業者であるエイモリー・ロビンスの著作『Reinventing Fire』（２０１１）より

目次

はじめに 002

序章
オリエンテーション
電気をめぐり、いま何が起こっているのか 015

序-1 電気事業はどう変わった? 017
序-2 電気事業をめぐる最近のトピックスは? 019
● 送配電部門・法的分離のインパクト 020
● 再生可能エネルギーは主力になれるか 020
● 大規模停電をどう防ぐ 022

序-3 電力システムとは、その将来像とは？ 024

1章 電力系統入門 027

1-1 電力系統◉「発電―流通―消費」の組み合わせ 029
● 発電設備 031
● 流通設備―電力ネットワーク 032
Dr.オカモトの発展講座Q&A 高電圧送電線は「電気の高速道路」 033
● 交流の電気 035

1-2 電気の特性◉「生産、即消費」という特殊な商品 036
● パワープール―系統を「池」と「水路」に例えると 037
● 電気の品質を決める「周波数」 041
Dr.オカモトの発展講座Q&A 周波数・同期運転と慣性エネルギー 042
● 周波数が乱れると 047
● ロードカーブ 048

Column 「電池」の実力 050

1-3 系統構成◉基本は「放射状」と「ループ」「メッシュ」 051
●日本の系統構成——くし形 052
●全国連系と「直流」「交流」 054
●広域連系 056

1-4 電力市場と系統◉相互作用する「市場」と「電力系統」 058

2章 電気事業の歴史をひもとく

063

2-1 エネルギーと電気事業の歴史◉火の利用から巨大ネットワーク構築まで 065
●「電気」の登場 066
●エジソンの電気事業 067
●「直流」か「交流」か 068
●交流ネットワーク化の立役者——サミュエル・インサル 069

Dr.オカモトの発展講座Q&A　サミュエル・インサルと垂直統合型の電気事業　070
●ビジネスとしての電気事業の成功――自然独占　073
●オンサイトから大規模ネットワーク化へ　074

2-2 日本の電気事業◉創業期の電気事業　076
●地域独占のビジネスモデル　077
●2020年・送配電の法的分離へ　079

2-3 海外の電気事業◉それぞれの地域にそれぞれの特徴　082
テーマ解説
❶米国―メッシュ系統を構成、過去に大規模停電も　084
❷英国―世界が注視する規制改革の先進地　088
❸北欧諸国―先進市場「ノルドプール」を運用　092
❹ドイツ―再エネ導入も、系統構成に課題　095
❺フランス―原子力大国、EdF子会社が送配電担う　098
❻イタリア―大停電機に送電系統の所有・運用を一体化　100
❼中国―系統技術で世界をリード　102

Column　中国に負けずチャレンジを！　105

3章 電気事業のいまと電力グリッド 107

3－1 電力自由化と発送電分離◉電気の価値を「アンバンドリング」 市場メカニズムで全体最適を実現 109

●「統一的な系統整備」から「多元的・集合体での最適化」へ 109

●電気の「価値」を分け、機能を再定義する 112

●「3つの価値」で決まる発電所の経済価値 114

テーマ解説

❶調整力価値（⊿kW／デルタキロワット価値）─安定供給の「アンカーマン」 116

❷容量価値（kW／キロワット価値）─発電の経済性ではなく「存在」を評価 118

●電力系統を維持する　需給バランスの役割分担 120

●時系列で役割分担を見てみると…… 122

❸メリットオーダー─「安い順」に電源を運用、利益を最大に 124

❹需給調整市場と調整力①─「調整力（⊿kW）」の上げ・下げとは? 126

❺需給調整市場と調整力②─瞬発力の短距離選手から持続力の長距離選手まで 128

❻需給調整市場と調整力③─パワープールを越え日本全体での調整も 130

❼容量市場―まず全国大で供給力確保　市場分断も考慮　132
Column　ＰＪＭスタイルとの比較　134

3-2
再生可能エネルギー◉主力電源化への期待と課題　135
❽「時間的ギャップ」解消のカギ―フレキシビリティ　139
❾再生可能エネルギーの「時間的ギャップ」①―短周期変動問題とは？　142
❿再生可能エネルギーの「時間的ギャップ」②―長周期変動問題とは？　144
⓫グリッドコード―再エネにも周波数調整機能を　146
Column　自然変動電源と「慣性力」　148
⓬「空間的ギャップ」解消のカギ―送電容量の増強　149
⓭空間的ギャップ解消の事例―実潮流に基づく空き容量の有効活用　152
⓮発電コストの課題―再エネの系統連系と市場統合　154

3-3
災害と電気事業◉レジリエンスを考える　156
⓯事例検証・北海道ブラックアウト①―周波数変動が「全系崩壊」招く　158
⓰事例検証・北海道ブラックアウト②―グリッドの観点からのソリューション　160
Column　全域停電からの復旧　「ブラックスタート」の難しさ　163

⑰事例検証・千葉広域停電①―流通設備が多数、広範囲で損壊　164
⑱事例検証・千葉広域停電②―台風15号の教訓と対策　166
Column　電線地中化は災害への特効薬？　169
⑲マイクログリッド―レジリエンス向上にかかる期待　170
⑳設備の「冗長性」―適正な予備力はどう決める？　172
㉑アデカシーとセキュリティ―信頼度を維持するために　174
Column　再生可能エネルギーとレジリエンス　176

Special対談　シン・ニホンのエネルギーを語ろう　安宅 和人×岡本 浩　177

Part1　データ×AIドリブン時代の電力システムとは　179
●「シン・ニホン」とシンクロする電気事業　179
●通信におけるSNS台頭、電力における「プロシューマー」の誕生　182
●「電力データ」のポテンシャル　184

●情報セキュリティをどう考える 186
●電力のDX（デジタル・トランスフォーメーション）はどう進むか 186
●エネルギー安全保障と日本の未来 189

Part2
電力をディスラプトせよ——あらゆる未来に備えるために 191
●電力の未来を拓く人材像 191
●アフターコロナの世界、電力網は「オフグリッド」へ？ 194

4章
将来の電力グリッドの姿 199

4-1
エネルギー産業の変革◉5つのDに直面するエネルギー事業 201
●脱炭素化（Decarbonization） 202
●分散化（Decentralization） 205
●デジタル化（Digitalization） 207
●人口減少・過疎化（Depopulation） 209
●規制緩和（Deregulation） 211

4-2 Society5.0時代の電気事業◉5つのDがもたらすUtility3.0の世界 213
●2050年のエネルギーの絵姿 213
●エネルギー分野とその他の分野で起こる融合の世界 226
4章 各試算 前提条件 233
おわりに 234
索引 239

序章

オリエンテーション

電気をめぐり、いま何が起こっているのか

存在感を増す再生可能エネルギー、大規模災害を背景とした停電の発生、電力ビジネスの多様化と参入する事業者の広がり――。電気事業が、日々大きく変貌を遂げています。

しかし電気が「生産、即消費」という本来的にためられない性質があるということ、それに伴って常に「つくる」「送る」「活用する」という流れがとどまることなく続くビジネスであることは不変です。なかでも「つくる」と「活用する」に当たる発電や小売供給のかたちは多様化しています。ただ、ビジネスチャンスが広がるほど、安定供給の要である「送る」役割、つまり電力系統も含めた電力システム全体についての正確な理解が必要になるでしょう。

電気をめぐり、いま何が起こっているのか、「グリッド」として捉える電力システムとは何か、まずは全体像を解説しましょう。

序-1 電気事業はどう変わった？

Q いま起きている変化とは。

A 電気事業に関わる企業や人の増加。
「発電・送配電・小売」の一貫体制（Utility1.0[1]）
↓
機能を分解し、多くのプレイヤーが役割を担う多様化・多元化の姿へ（Utility2.0）

1 Utilityとは、電気、ガス、水道などの公益事業の担い手を指す言葉です

この数年、世界的に大きく変わってきたと感じるのが、電気事業に関わる人が非常に増えたということ。日本では２０１６年の「電力小売全面自由化」開始後、電気の販売を手がける小売電気事業者の登録は６００社を超えました。発電では、大規模太陽光発電（メガソーラー）や風力発電などの再生可能エネルギーによる事業者も増えています。加えて、電気自動車（ＥＶ）など蓄電池としての機能を併せ持つ新たな形態の需要、また需要側で電力の使用量を調整するデマンド・レスポンス（ＤＲ）など、「需要」とも「発電」ともみなすことができる新たなビジネスモ

デルも電力系統に組み込まれています。

以前からある地域の電力会社（旧一般電気事業者）が「発電・送配電・小売」を1社で担う体制、これを「Utility1.0」と呼んでいます。経済成長に伴い、とにかく産業や生活に必要な電気の量が増え、それに応えていく時代には、非常に効果的なシステムだったといえます。

そして２０２０年４月からの送配電部門の法的分離後、今の時代を「Utility2.0」と位置付けます。送配電システムという電力ネットワークも含めて、よりオープンな電気事業の姿へ変貌する変革期です。電力供給における機能を分解し、新たに市場で取引をしていく仕組みも順次導入されます。技術革新を背景に新たなビジネスが出現し、電気事業のビジネスモデルも多様化するなかで、「電力システムについて正確に理解すること」は、以前に増して重要となります。

序-2 電気事業をめぐる最近のトピックスは？

Q 電気事業、とくに電力系統に関するここ数年のトピックスは。

A
①電力小売全面自由化（2016年4月）と送配電部門の法的分離（2020年4月）
②太陽光発電をはじめとする再生可能エネルギーの導入拡大
③災害を起因とする大規模停電

この3点は、いずれも重要なトピックであると同時に、相互に関連し、それゆえに全体の仕組みが以前より複雑化し、分かりにくくなっています。

例えば、2018年に北海道で起きた大規模停電は、現地で大規模に開発されている風力発電機が一斉に電力系統から解列したことも一定の影響を与えたとされ、再エネの導入拡大と大規模停電がリンクしたような事例です。

送配電部門・法的分離のインパクト

個別に見ていきましょう。電力小売全面自由化と送配電部門の法的分離は「電力システム改革」の一環です。２０１６年４月には一般家庭への電力供給も含め、全ての電力小売市場への参入を自由化する「電力小売全面自由化」がスタートしました。電力系統に接続するプレイヤーが増えた大きなきっかけの一つが、この小売全面自由化です。

また、２０２０年４月には送配電部門が「法的」に分離されました。地域の電力会社の送配電部門を別会社化（別法人化）するものです。発電・小売と送配電との資本関係は認めるものの、兼業は禁止されます。すでに会計上は分離されていましたが、より明確に独立度合いを高める制度へ移行しました。全面自由化で参入者が増えるなか、送配電ネットワークの中立性・公平性を、形として目に見えるようにすることが狙いです。

入り口は「中立性・公平性の確保」ですが、実は送配電が別会社になること自体が、電気事業に変化をもたらすトリガーになるとみています。

再生可能エネルギーは主力になれるか

太陽光、風力、水力、木質バイオマス、地熱、波力、海洋温度差などの発電方法による再生可能エネルギー。メリットは何といっても発電時に二酸化炭素（CO_2）を排出しないことです。資源の枯渇や輸入依存リスクがない上に、燃料費はゼロです。こうした特長を踏まえ、２０１８年に閣議決定した「エネルギー基本計画」では、再エネを「主力電源化」する方針も掲げられました。一層の普及が期待されている電源の一つです。

なかでも太陽光発電は、普及プレミアムを上乗せした固定価格で電力を買い取る「再生可能エネルギー固定価格買取制度（ＦＩＴ）」を背景に、急速に導入量を増やしました。ＦＩＴ開始後、およそ7年半で再エネの設備導入量は4倍近く、事業用太陽光発電に限ると50倍近くにまで増えましたが[2]、短期間で急速に太陽光発電が増えたことで、電力系統の安定性に影響を与えています。

発電量の調整が難しい再エネが電力系統にたくさん入ると、「生産、即消費」という需給バランスを乱したり、送電線で受け入れ可能な電力量をオーバーすることがあります。そうなると電力システム全体を維持するため、運用面で制約をかける必要があります。

ここで重要なのは、再エネが「急増した」ことにより、系統制約が発生しているという点です。将来的には、太陽光・風力発電も需給調整を含めた電力供給の担い手になると考えられ、電力システムに参加するあらゆる関係者が「みんなで系統運用を担う」という考え方に変わっていくことが望ましい姿です。こうした考え方を具体的にルール化するのが「グリッドコード」と呼ばれ

2　２０２０年3月末時点

るもので、今後、参加者が多様化していく電力システムの安定的な運用・維持のカギとなります。

大規模停電をどう防ぐ

2011年の東日本大震災などを境に、自然災害による停電が多くなったという印象を持つ人が多いのではないかと思います。世界的には、日本は今も「停電が少ない国」といえるのですが、この2、3年は災害に伴う大規模停電も重なりました。

停電が起きるメカニズムとしては、大きく2つの要因が考えられます。

1つは台風による倒木で配電線が切れてしまうような設備被害によるものです。これを防ぐには災害にある程度、耐え得る設備にしておくこと、そして停電発生後は早期に復旧することが大切です。近年は自然災害が大規模化・激甚化する傾向にあり、残念ながら今後もその傾向は変わらないと思います。レジリエンス（強靭性）確保の観点からも、他のインフラ設備と連携して対策を強化することが求められています。

2つ目のメカニズムは、電力システム自体に何らかの不具合が起き、停電に至るパターンです。この場合は不具合の起きた送電・配電系統を切り離すことで、将棋倒しのように停電が拡大する「事故波及」を防ぎます。事故波及が起こると最悪の場合、系統全体がダウンする「系統崩壊（ブラックアウト)」となります。2018年9月、北海道胆振東部地震に伴い北海道電力エリアでブラックアウトが発生しました。震源近くの大型電源の緊急停止により北海道エリアの周波数が低下、連鎖的に発電設備の解列が続き、最終的には離島を除くエリア全域・約295万戸の停電に至ったものです。日本での1エリア全域に及ぶブラックアウトは戦後初めてでした。

北海道の例は、別の大規模火力電源の運転開始や本州との連系線の増強完了を目前にした事故で、不幸なタイミングということもありました。電力各社は歴史的に「事故に強い電力系統」を築いてきましたが、一方で事故波及防止の観点からは、電力系統に改善の余地があることも分かりました。

社会・経済の電化に拍車がかかる中、電力システムの「レジリエンス向上」は日本のみならず、世界中で大きな課題になっています。電力システムを大規模集中型から分散型へ移行しようとの考え方には、こうした背景もあります。

序-3

電力システムとは、その将来像とは？

Q「電力システム」とは何を指すのか。

A 大きくは発電・送配電・小売という電気事業全体を構成するシステムを指す。また、従来は「電力系統」という言葉で訳されてきたGrid（グリッド）も電力システム全体を面的に指すように使われ始めている。「電力グリッド」が指すイメージは、「電気事業におけるプラットフォーム」に近い。

これからは「プラットフォーム」としての電力グリッドに、様々な事業者、サービス、お客さまが接続する姿へ変貌すると予測しています。昔から電気を供給してきた電力会社も、太陽光をはじめとする発電事業者も新電力も、電気自動車（EV）や蓄電池など新たな形態としての電力需要も、様々な事業者やサービスがプラットフォームとしての電力グリッドを利用するようになるでしょう。

プラットフォームをどう生かすか、効率的に活用していくか。これが電力システムの将来をどう発展させていくかに大きく関与していきます。「情報の共有化」は一つのキーワードになります。高速道路を利用する際、皆さんも交通情報をチェックされると思います。それと同じように、電力システムに関する情報——あるエリアにおける電力需給の過不足や設備の利用状況に関する情報、それに連動する価格シグナルをリアルタイムでチェックできれば、「事故」や「渋滞」の発生回避につながります。

一般送配電事業者の将来像を考える上では、スマホアプリの「メルカリ」のようなマッチングサイトが参考になります。電気の特性を踏まえた上で、情報提供やマッチングの共通基盤を提供するビジネスです。あるいは、GAFA（米ITプラットフォーマー、Google, Apple, Facebook, Amazonの頭文字を取った総称）のようなビジネスともいえるでしょう。多様なプレイヤーとともに創り上げていく電力システム全体の将来像についても、一つの提案として、本書でお示しできればと考えています。

1章 電力系統入門

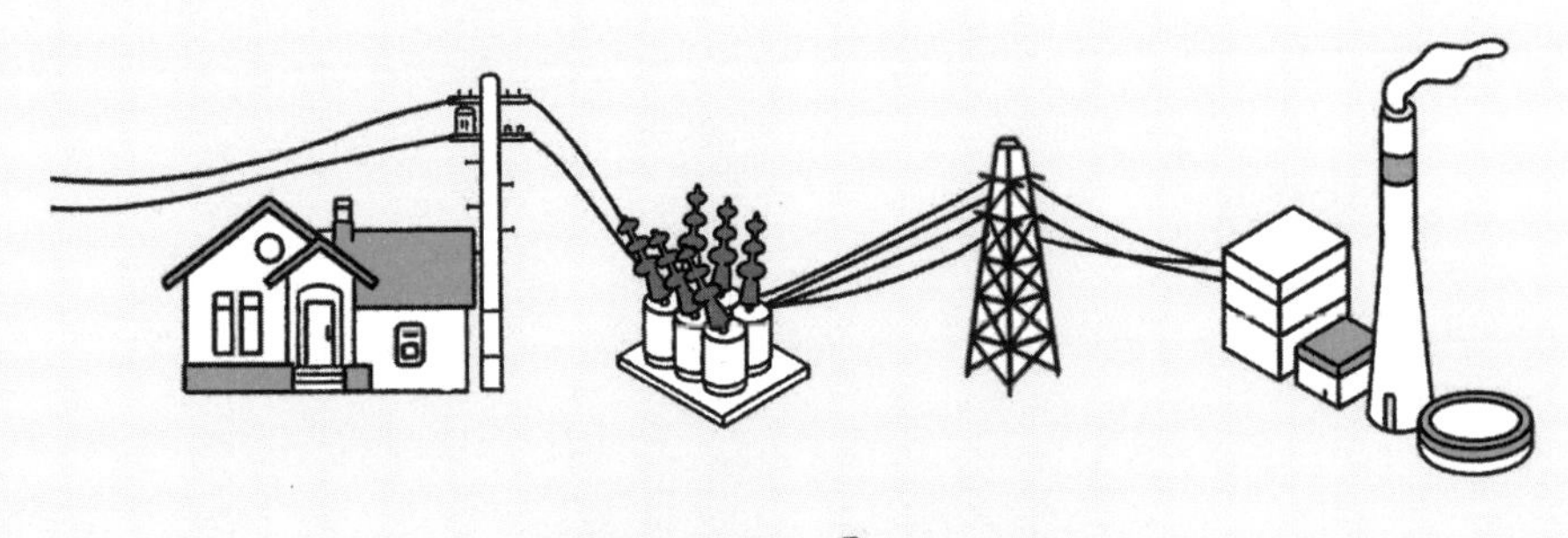

Power System

1882年、トーマス・エジソンがニューヨークで世界初の電気事業を開始してからおよそ140年。「電気」は日々の生活や産業に不可欠な社会インフラへと成長を遂げました。この電気の安定供給を支えているのが、「電力系統」と呼ばれるシステムです。生鮮食料品や工業製品などと同じように、電気にも「生産―流通―販売」のプロセスがあります。一方で電気は貯蔵が利かないなど、一般的な財とは異なる特徴もあります。「電力系統」への理解なくして、電気事業、さらにはエネルギービジネスを知ることは難しいでしょう。ここではまず、電力系統について知っておきたい基礎知識を解説します。

POINT!

- 電力系統（電力システム）は、発電、流通（送電・変電・配電）、消費（需要）の3つの要素で構成される
- 系統の電気は貯蔵ができないため、発電量と消費量を常に一致させる必要がある（同時同量）
- 電気の品質を保つためには、「周波数」と「電圧」を常に一定に保つことが必要

Thomas A. Edison

1-1 電力系統

「発電―流通―消費」の組み合わせ

「電力系統」とは、もともとは〝Electric Power System〟の和訳で、「電力システム」とも言い換えられます。電力系統（電力システム）を設備の面から捉えると、発電、流通、消費の3つの要素から構成される巨大なシステムであると考えられます 図1-1。

「発電」側には、火力発電所、原子力発電所、水力発電所など電気をつくる設備（発電設備）があります。「消費」側には工場、ビル、住宅などがあります。お客さま（需要家）です。

この生産側と消費側をつなぎ、生産した電気をお客さまに届けるのが、送電線や変電所、配電線です。まとめて「電力流通設備」と呼ばれます。

「電力ネットワーク」と呼ぶときは、電力流通設備に加え、発電・需要を含む電力系統全体の運用・管理という意味合いが加わります。電気の使用状況を常時監視しながら発電出力を調整し、

図1-1 | 電力系統の構成要素

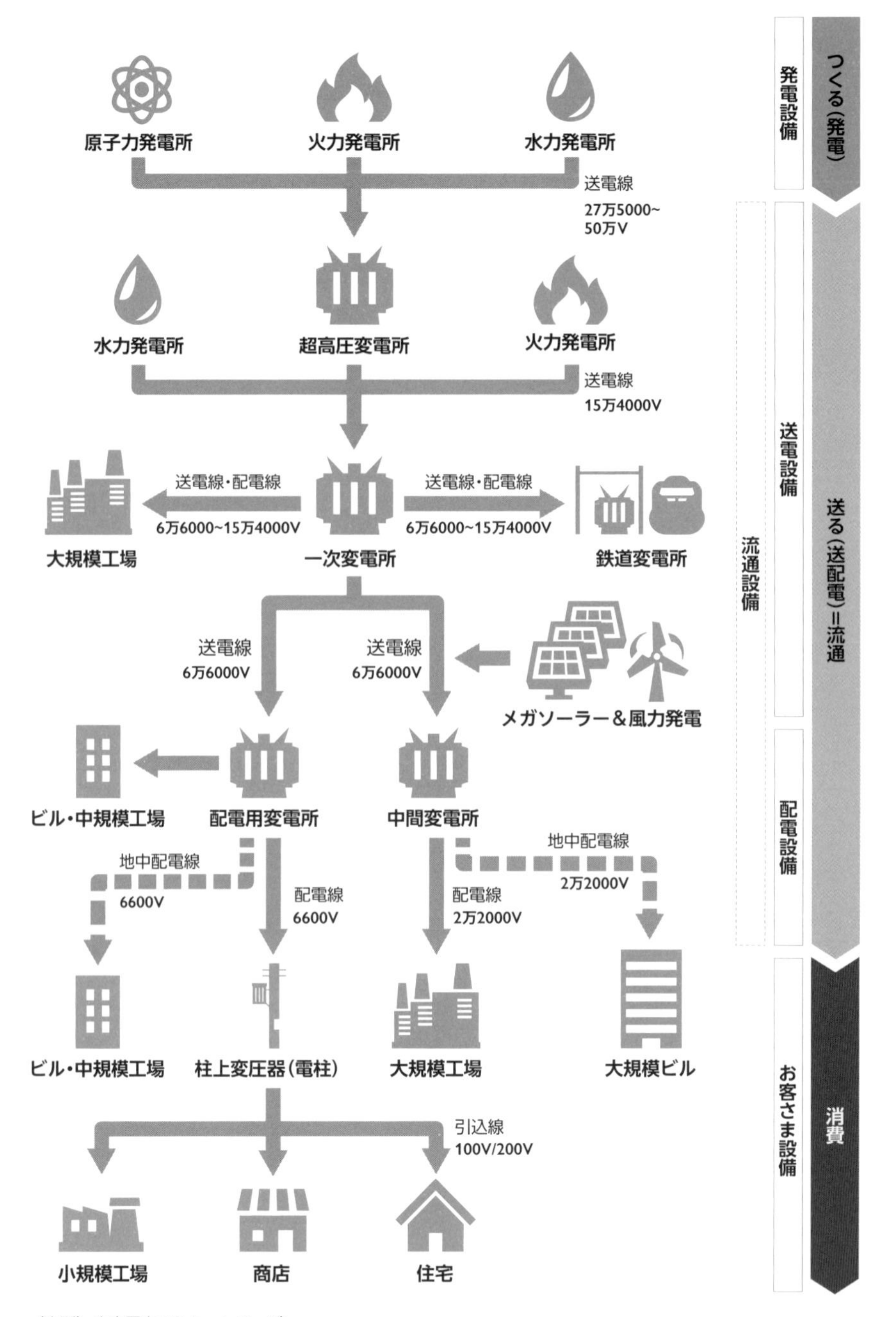

(出所)東京電力PGホームページ

常に需要と供給のバランスを保つ仕事ですね。

なお「電力システム」というと「電力システム改革」を連想される方も多いと思いますが、こちらは電気事業法の改正や、電力取引市場の創設などによる市場整備を通じ、電気事業の仕組みを見直す施策を指します。これに対して「系統」という言葉は主に電力流通設備の仕組みを指して使われることが多いようです。

さらに本書が主題とする「電力グリッド」という場合、プラットフォーム、つまり「基盤としての電力ネットワーク」という意味合いを含んでいます。「スマートグリッド」という言葉もよく使われています。

発電設備

発電所には水力発電所、火力発電所、原子力発電所などがあります。水力発電所には、水をためずに流れを利用する自流式、水をダムにためて発電する貯水池式、夜間に下池の水をポンプで上池にくみ上げ、需要が大きくなる昼間に発電する揚水などがあります。また、火力発電所は燃料によって石油火力発電所、石炭火力発電所、ＬＮＧ（液化天然ガス）火力発電所などに分けられます。そのほか再生可能エネルギーによる発電所には、風力発電や太陽光発電、生物資源を燃料に利用するバイオマス発電所、火山地帯の地熱資源を利用する地熱発電所などもあります。

後ほど詳しく説明しますが、最近はお客さま側に分散している様々な「エネルギー資源」を集積すれば、あたかも一つの発電所と同じような役割を果たせるという考え方が定着しつつあります。ここでいうお客さま側の「資源」とは太陽光発電などの自家発電設備や蓄電池のように需要側で発電したり蓄電できる分散型エネルギー源に加えて、電力系統全体の需給に合わせて需要を削減または増加させる「デマンド・レスポンス（DR）」など様々な種類があります。

これらの分散している資源を集約して、あたかも大きな発電所のように機能させる事業を「仮想発電所（VPP）事業」といい、新たなエネルギービジネスの機会として参入者が増加してきています。

●●●流通設備——電力ネットワーク

発電設備で生産された電気は、27万Vや50万Vという非常に高い電圧に昇圧され、送電線を使って需要地に向けて送り出されます。送電線も送電鉄塔も、電圧によって電線の太さや鉄塔の高さが違います。

高い電圧のままでは使いにくいので、消費地に近づくにつれ6万V、2万V、6000V、

100/200Vと段階的に電圧を下げています。このように途中で電圧を上げたり下げたりする設備を変電所（変圧器）と呼んでいます。

高電圧送電線は「電気の高速道路」

Dr.オカモトの発展講座Q&A

Q 電気の流通設備には、様々な電圧があるのですね。

A 遠く離れた発電所からお客さまの近くまで電気を届けるのが「送電線」で、首都圏には主に6万6000Vから50万Vまでの送電設備があります。一方、遠い発電所から送られてきた電気をお客さまにお届けする最後の電気の道が「配電線」で、特別高圧（2万2000V）、高圧（6600V）、低圧（100/200V）に分かれます。

送電線の電圧は、国や地域の事情によって異なります。また消費する電気の量や、消費地と発電所の距離などによっても異なるのです。

Q なぜ消費地から離れた場所に発電所を造るのですか？

A 日本の場合、電気の大消費地は東京を中心とする首都圏や、大阪、名古屋など都市部に集中しています。消費地近くに発電所があるのが理想ですが、これまでは様々な制約から、特に大規模電源は消費地から離れたところに造られてきました。水力発電所は大きな落差のある河川が必要なため、遠方の山間部になってしまいます。火力発電所や原子力発電所は大量の冷却水が要りますし、燃料基地も必要です。燃料を輸入に頼る日本では沿岸部での建設に限られてしまいます。加えて、発電所建設には広大な敷地が必要で、国土の狭い日本ではその確保も大変です。

Q 遠方から大容量の電気を送るにはどうするのですか。

A 高い電圧で送電すると経済的です。理由は送電できる量と「電圧」との間に特別な関係があるからです。1ルートの送電線で電気を送る場合、電圧を高くすると、それに応じて送電量が増やせます。ごく大ざっぱに言うと、安定的に送れる電力量は電圧が2倍になれば2乗の4倍に、3倍になれば2乗の9倍になります。

また、同じ量の電力を送る場合、電圧を高くすればそれだけ電流は少なくて済みます。ニクロム線などの電線に電流を流すと、抵抗により電力の一部が熱に変わりますね。抵抗による発熱量は電流の2乗に比例します。つまり、送電電圧を高くすれば電流が少なくなる分、熱になって逃げていくエネルギー（送電損失）も少なくて済むわけです。

Q **長距離送電は高電圧・小電流の方がよいのですね。**

A その通りです。いわば高電圧送電線は「電気の高速道路」といえます。

交流の電気

電気には交流（ＡＣ）と直流（ＤＣ）があり、電力会社が供給している電気は主に「交流」です。電圧のプラスとマイナスが交互に入れ替わる電気です。

電力をより多く効率的に送るためには、高い電圧で送電した方がよいことは説明しました。交流の電気は変圧器により簡単に電圧を変えられるため、遠方の発電所から消費地に向けて大容量の電力を送るのに適しているのです。このほか発電機やモーターを製造しやすい特徴もあります。

一方、直流には「超長距離送電」「海底ケーブル送電」に適しているという利点や、複数のルートで送電する際に、それぞれのルートに迂回する電気の流れを制御しやすい特徴があります。この特徴を使って、供給エリアごとに系統の独立性を保ったまま連系する際、直流送電が用いられることもあります。

1-2

電気の特性

「生産、即消費」という特殊な商品

電気の「生産、即消費」の特徴をイメージする上で、スマートフォンのフリマアプリ「メルカリ」や「ラクマ」と比較すると分かりやすいと思います 図1-2。

アプリの運営事務局を介して需要（購入者）と供給（出品者）のマッチング（売買）が行われた後、商品が配送される。これが、実は電気を届ける仕組みとよく似ています。電気も需要（電力消費）と供給（発電）をマッチングさせながら、電力系統を介して配送（送配電）する商品です。ですが、フリマアプリとは決定的に異なる点が1つあります。フリマアプリは出品から売買成立（マッチング）、配送完了までにそれぞれにタイムラグがあるのに対して、電気は瞬時瞬時のマッチングが求められる財だということです。言い換えると、商品の生産と消費が常に同時に行われていて、貯蔵は利きません。

図1-2 「メルカリ」と「電気」、似ているところ・違うところ

●フリマアプリ（メルカリ等）

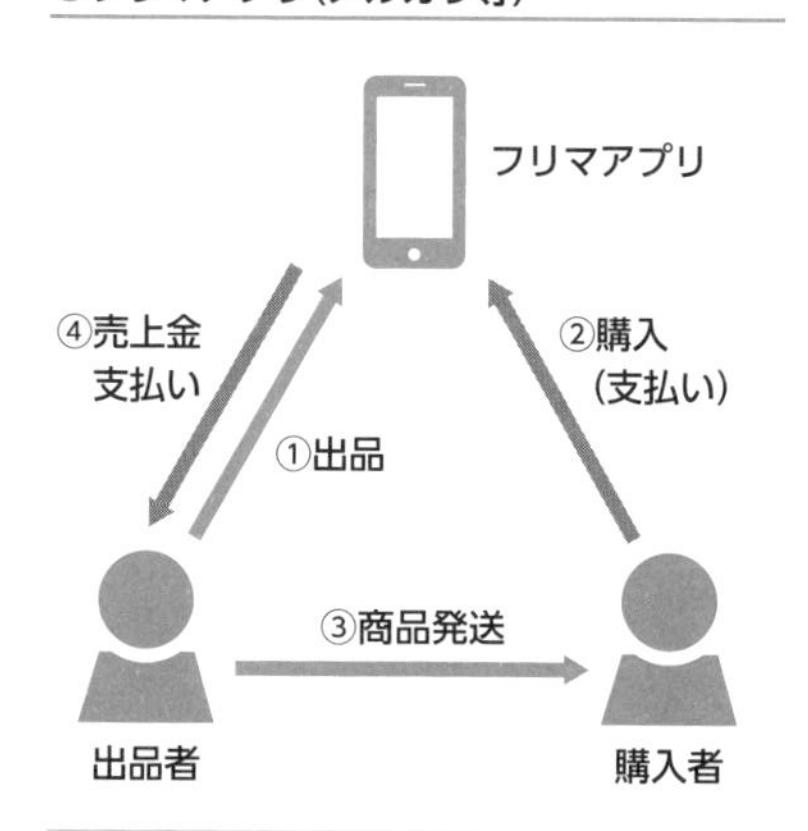

売買が成立（マッチング）すると
出品者が商品発送 ➡**タイムラグがある**

●電気

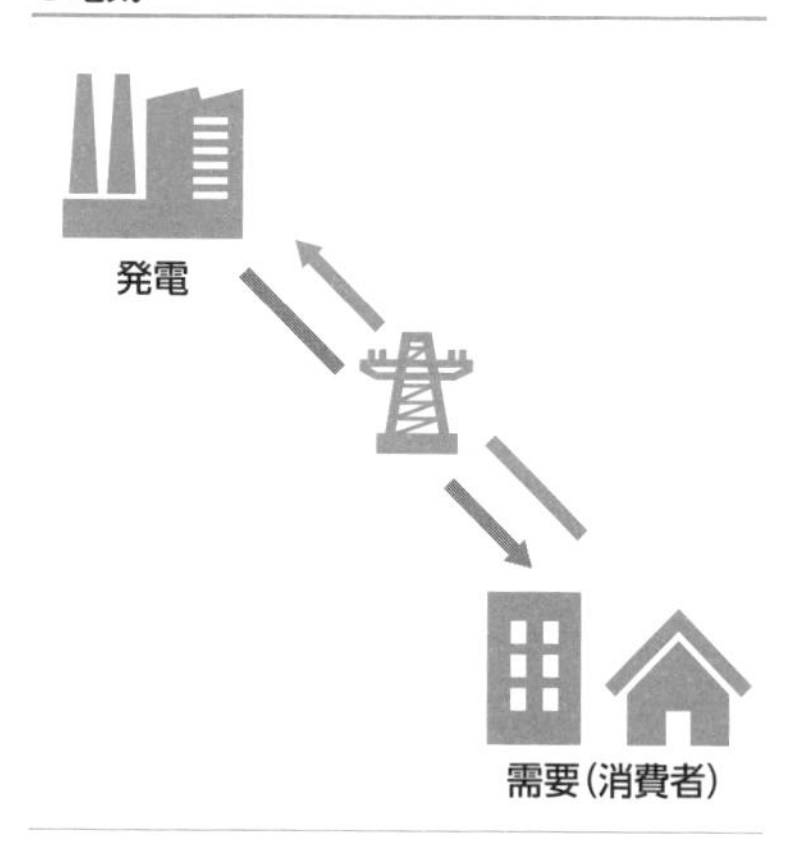

消費者が使用するアクションを
起こした瞬間（スイッチを入れるなど）、
発電・送配電が完了 ➡**タイムラグがない**

貯蔵が利かないと、何が困るのでしょう。

電気と性質が似ている光は一瞬で目的地に到達しますが、やはり貯蔵しておくことはできません。電気も同様です。発生した電気のエネルギーは電力系統内を光の速度で伝わり、生産と消費が同時に行われる性質を持っています。それは生産する量と消費する量がいつも同じ（同時同量）であり、一般商品のように在庫（貯蔵）で需要と供給の調整（需給調整）ができないことを意味しています。

パワープール——系統を「池」と「水路」に例えると

貯蔵できない商品を、どうやって瞬時瞬時で「マッチング」させるか——。電力系統における電気の流れは、「池」と「水路」に置き換えるとよく分かります。

図1-3は、電力系統を「連結された池」として表現したものです。タンク1つにつき1つの池へ、水が流れ込みます。

池は何本かの水路でお互いに連結され、それぞれの池からいくつかの家が水を引いています。タンクは発電機、池は変電所、水路は電力流通設備、家は電気の消費者（需要）と考えてください。電気の消費者（需要）は配電用変電所という取水口を通じて水を引いていて、取水される水量と同じ量を常にタンク（発電機）から注ぎ込んでいれば、すべての池の水位は一定に保たれます。なお、電力系統における電気の流れのことを「潮流」といいます。潮流というと海の水の流れのことですが、本書では「水路」を毎秒流れるエネルギーの意味で使います。

電力系統では「すべての池の水位を一定に保っている」状態にあることが常に求められていて、これこそが安定供給の要となる部分です。一方で一つひとつの需要とマッチングさせるように発電機を動かす必要はなく、すべての需要と発電出力の合計が合うように運転されればよいのです。

加えて電力系統では、水路を流れる水の量をきちんと管理することが求められます。例えば図1-4を見てみましょう。一番手前の池Aの需要を増やすと、その分の供給量をどこかで増やさなければいけません。どこの池につながっているタンク（発電機）からの供給を増やすかによって、水路を流れる潮流が変わってきます。

例えば一番奥にある池Bのタンクからの供給を増やすと、2ルートの水路を分流している潮流が増加します。このとき、水路の容量を超えて途中で水があふれてしまえば、手前の池まで潮流がこないために全体の池の水位が下がってしまいます。実際、送電線には安全に流せる潮流に

図1-3 ｜ パワープール

イラストの池の水は「慣性エネルギー」、池の水位は「周波数」を表している（43ページ参照）。電力系統（電力システム）における周波数の様子を面的に表現しているため、池に高低差の概念はない

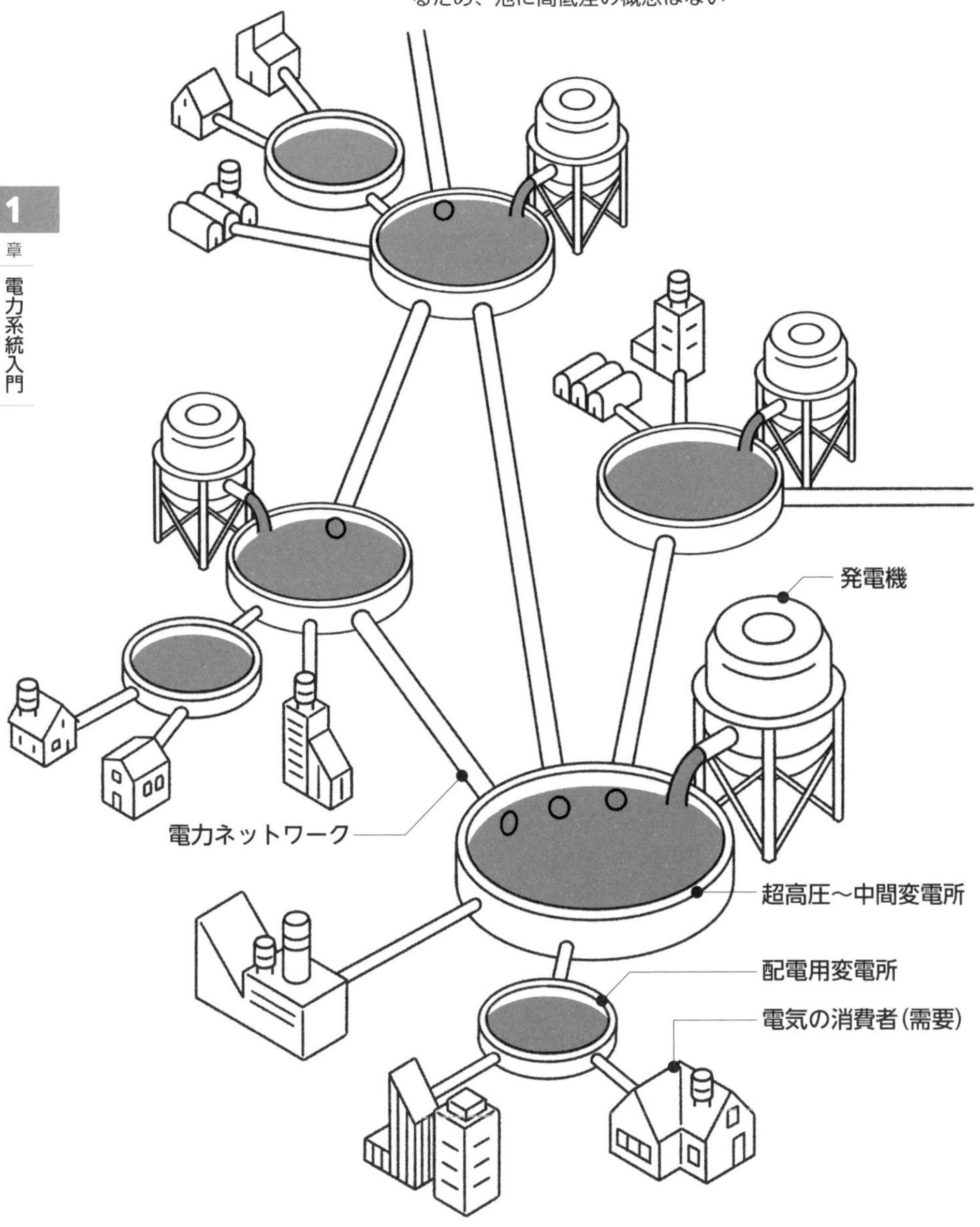

（出所）Peter Fox-Penner. Smart power: climate change, the smart grid and the future of electric utilities（Island Press,2010）をもとに作成。パワープールの図説は以下同様

図1-4 | パワープール（水路の容量を超えて潮流が増えると）

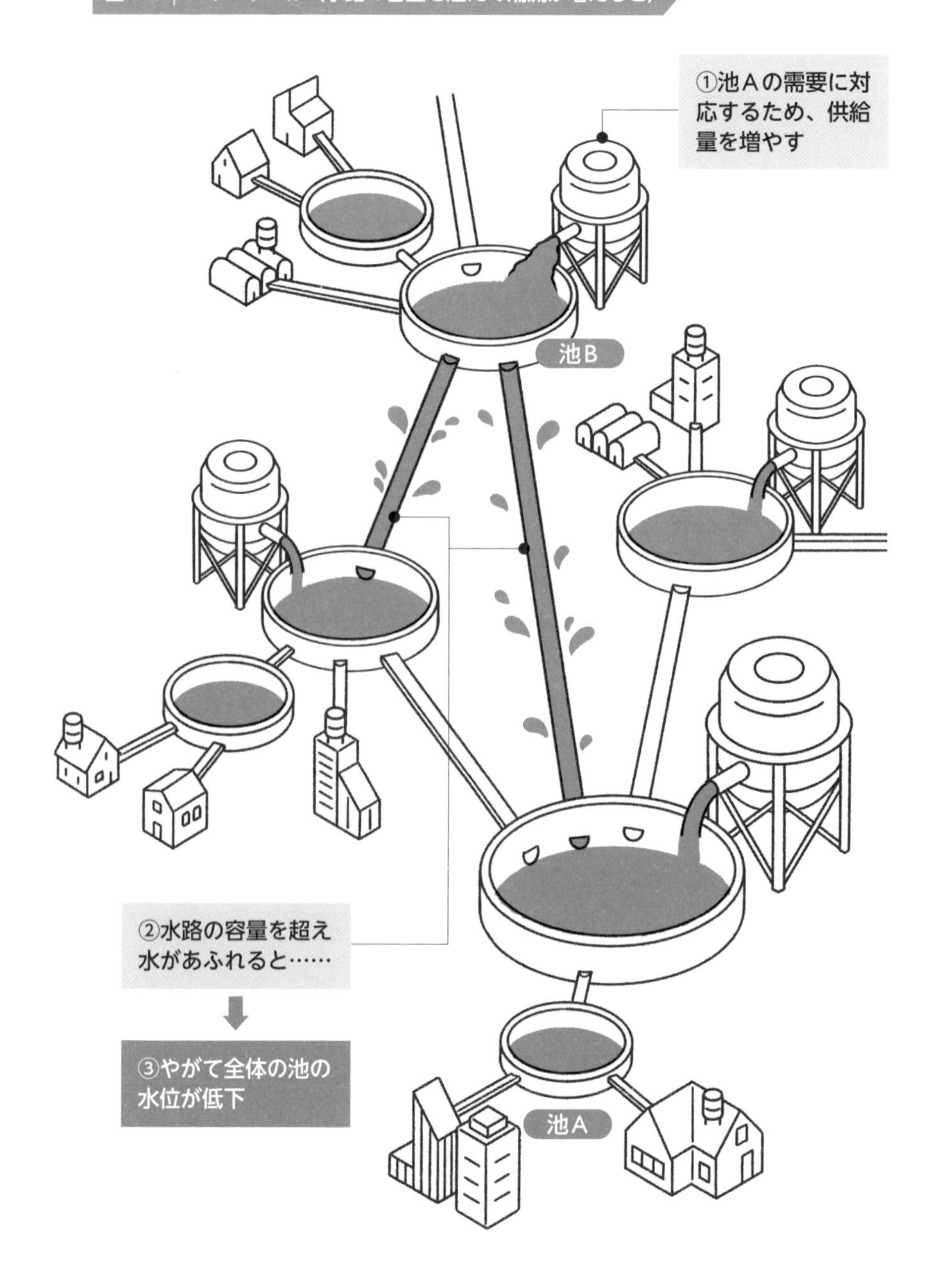

※水量が増減する様子を表現するため、この図のみ水路を半円柱状に描いている

限界があり、それ以上を流すことができません。つまり潮流が水路の容量を超えないように調整する必要があるのです。

このようにネットワークにつながっているすべての需要に見合うだけの電力を、ネットワークの容量の範囲内で供給するのが「パワープール」という概念です。また、パワープールの「水位」を一定に維持するように発電所などの出力を需要に合わせる運用を「需給運用」、「水路」に適切な範囲での潮流が流れるように発電側に指示したり、系統（潮流が流れる経路）を切り替えたりする運用を「系統運用」ということがあり、これらは一体的に行われる必要があります。

「パワープール」は規模の経済が働く電力供給システムとして、世界中で確立、運用されています。

●●● 電気の品質を決める「周波数」

電力系統を「パワープール」という概念に見立てたとき、「池の水位」は「周波数」にあたります。池の水位、つまり「周波数を一定に保つこと」が、交流の電気の品質を決めるとても大切な要素[1]になります。

周波数とは、交流の電気のプラスとマイナスが1秒間に入れ替わる回数[2]です（単位はHz：ヘル

1 もう一つの要素は「電圧」です

2 同じ回数だけマイナスからプラスにも入れ替わります

ツ）。日本には2種類の周波数があり、静岡県の富士川を挟んで東日本が50Ｈｚ、西日本が60Ｈｚです。

ここでもう一度、周波数を「池の水位」に置き換えてみましょう。もしタンクからたくさんの水が流れれば――発電量が多くなりすぎれば、水路を伝って複数の池の水があふれます。逆にタンクからの水の供給が間に合わず、1つの池の水がカラになれば――需要が発電量を大きく上回れば、他の池の水位も下がって、いずれカラになります。ちなみに池といっても大きな池ではなく、供給が全て止まると10秒ほどで水がなくなってしまうような小さな池です。このようにわずかな水しかためられない池の水位を「一定に保つ」ことが求められている、それが「周波数を保つ」ことです。

Dr.オカモトの発展講座Q&A

周波数・同期運転と慣性エネルギー

Q 電気の品質を保つためには、周波数を一定に保つことが大切なのですね。

A そうです。ほとんどの発電機は、50Ｈｚまたは60Ｈｚという商用周波数が維持されていないと継続的に運転できない仕様になっているので、周波数が大きく変動すると連鎖的に電力系統全体の供給が止まってしまいます。

Q **発電所からの供給が止まると「池」の水が10秒ほどで抜けてしまうということですが、10秒という時間は何で決まってくるのですか？**

A パワープールに蓄えられている慣性エネルギー（＝inertia・イナーシャ）が放出されるのにかかる時間に相当しています。パワープールにたまっているエネルギーは、実は電気エネルギーというよりも、発電機の中で磁石を回しているタービンの回転力として蓄えられ

図1-5｜パワープール（周波数と慣性エネルギー）

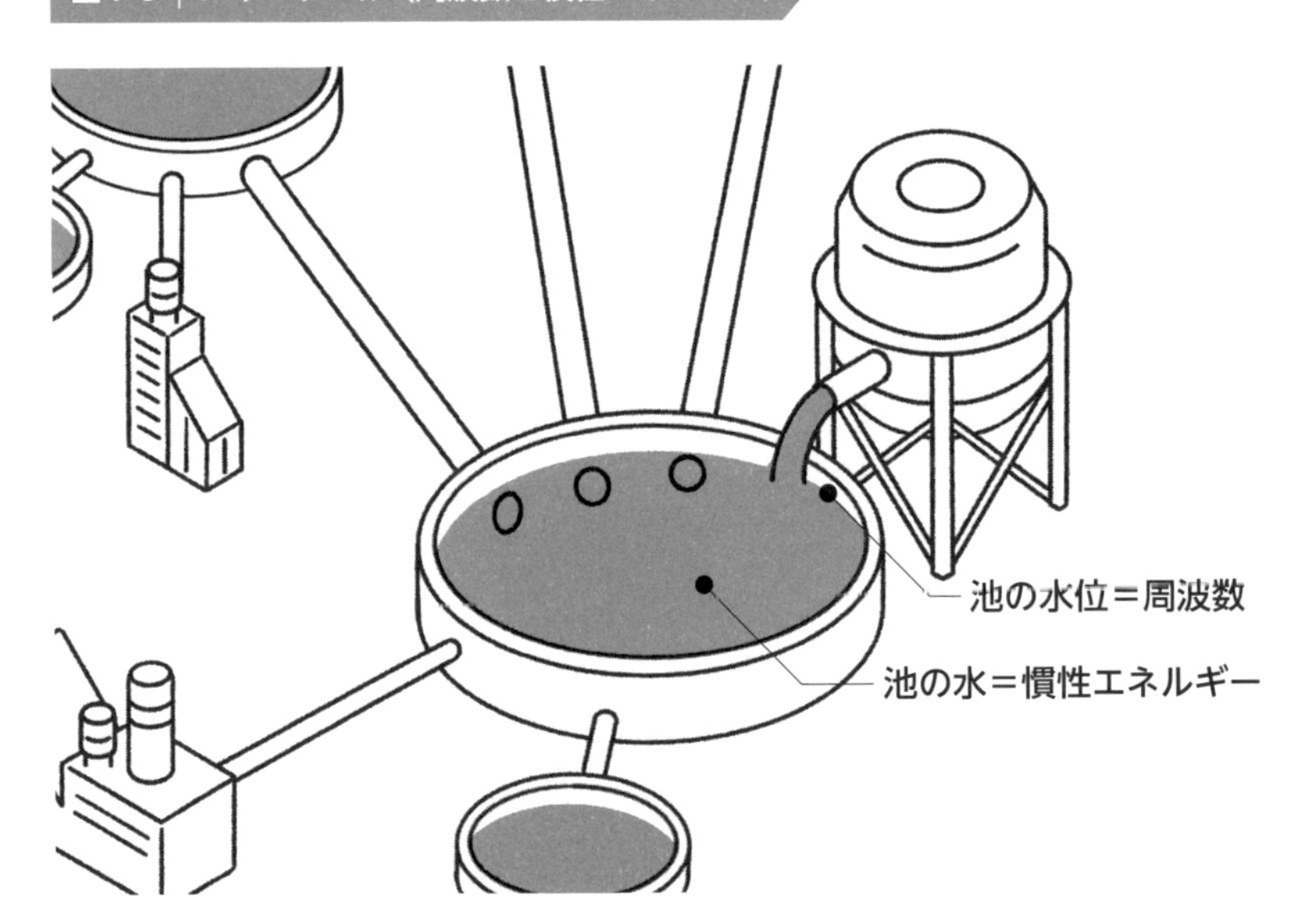

たエネルギーだと考えてください。電気は常に需要と供給をマッチングさせる商品だと説明しましたが、そのズレのわずかなバッファー（緩衝領域）として発電機のタービンが蓄えているエネルギーが出し入れされており、それが「池」の「水位」の変動に相当しています[3]。

Q 「慣性エネルギー」、難しい用語が出てきました……。

A 自転車に例えてみましょう。自転車を一定の回転スピードを保つようにこいでいると、力を入れてこがなくてもタイヤが回転し続けるようになります。これが慣性エネルギーです。発電所内では水車タービン、蒸気タービン、ガスタービンなどの回転体と同じ回転軸につながった発電機の電磁石（ローターともいいます）が回転していますが、慣性エネルギーは一体となって回転しているタービンと発電機ローター全体に蓄えられた運動エネルギーに相当します。

Q 周波数を保つことは、発電機の回転を同一に保ち、慣性エネルギーを維持すること――ということでしょうか。

A そうです。そもそも太陽光以外の在来型の発電機は、火力も原子力も水力も、簡単にいうと「コイルの中で磁石を回して発電する」という仕組みです。系統に接続するすべての発電機の中では商用周波数に合わせた一定の回転数で電磁石（ローター）が回り続けていて、この状態を「同期」（シ

3 38ページおよび図1-3では「池＝変電所」と説明したため、「池の水は発電機の回転体に蓄えられたエネルギー」という説明には矛盾を感じるかもしれません。慣性エネルギーは発電機が提供しますが、最終的には系統全体でシェアされるため、系統のどこにでも存在します。パワープールのイラストでは便宜的に池の水として表現しています

ンクロナイゼーション）といいます。基本的に50Hzの東日本なら1秒間に50回転、60Hzの西日本なら60回転[4]です。

すべての発電機のローターが、みんな同じように回転しているとき、池の水（慣性エネルギー）と水位（周波数）が保たれるというわけです。

Q みんな同じ回転数を保っているなんて驚きです。

A 2人以上で力を合わせてこぐタンデム自転車という自転車がありますが、みんなでピッタリ息をあわせて、同じリズムでこぐ必要がありますね。同期とは、すべての発電機がリズムを合わせて発電している状態ということもできます。このようにパワープールでは接続された発電機が一体となって、需要に対する供給を行っているのです。

Q ところで自転車だと、上り坂にかかったりギアを重くしたりすると、すぐに回転スピードも下がりますよね。

A まさに電力系統でも同じことが起きます。電力系統には、工場やビル、家庭などたくさんの需要と、たくさんの発電機が接続されています。需要に対して発電量がぴったり合っていれば、池の水位は保たれます。ところが発電量が不足し、消費量が多くなると慣性エネルギーが放出されて

4　やや専門的になりますが、発電機から電気を取り出すコイルの組の数を極対数といっています。ローターの回転数が1秒あたり50回転もしくは60回転となるのは、コイルを1組（極対数1）設置した場合です。極対数が2の発電機もあり、この場合、ローターの回転速度は半分の25回転もしくは30回転となります

池の水は減り、周波数は低下します。自転車が上り坂に入り、回転スピードが下がるのと同様ですね。逆に消費量が減少して供給過剰な状態になると、余分なエネルギーが慣性エネルギーとして蓄えられて池の水が増え、周波数は上昇します。

Q 周波数変動の目安はありますか。

A 一般的には系統全体の需給バランスが10％崩れると、周波数は2％（50Ｈｚの系統なら1Ｈｚ）ほど変動します。仮に周波数が４％ほどずれると、多くの発電機は運転を停止してしまいます。東日本の場合は50Ｈｚなので、常時の変動の範囲をプラスマイナス０・２Ｈｚ（０・４％）以内に収めるように運用しています。

Q どのように調整するのですか。

A 電気の消費量はその日の気温・天候はもちろん、季節によっても変化します。また、昼・夜間など時間帯によっても大きく変化します。このため電力系統を運用する人（系統運用者）はあらかじめ、この消費の変動を予想して、時々刻々と変化する消費量に見合った発電量になるよう、発電機を制御しています。そうすることで系統の周波数を一定に保つよう努めています。

周波数が乱れると

周波数が乱れる主な原因としては、発電所や流通設備が事故などで停止して電気が供給不足になること、最近では太陽光の発電量が急増し、電気が供給過剰になることなども挙げられます。

実際に周波数が乱れると、電気の使用上どのような影響が出るのでしょう。

例えば工場では、製品の品質悪化を招いてしまいます。家庭や工場にある交流電動機（モーター類）は、発電所の発電機と同じように系統の周波数と同期して回転しています。このため周波数が乱れると、モーター類の回転数が変動してしまいます。

供給側（発電所）にも問題が発生します。実は発電所の発電機は一定範囲の周波数でしか運転できません。先ほどの「池」の例えで考えると、発電所にあたる「タンク」の水位が上がったり下がったりすると水を供給できなくなることを意味しています。このため周波数（池の水位）が大きく変動すると、発電機が運転できなくなり、「池」の水が全部抜けて系統全体が停電してしまいます。「ブラックアウト」と呼ばれる最悪の状態で、こうなると復旧にも長時間を要します[5]。

電力系統は複雑な流通システムですが、量の過不足なく電圧や周波数の安定した電気を送り届けることを「電力の安定供給」と呼んでいます。安定供給を日々全うしていくことが、一般送配電事業者の最も大切な使命です。

5　日本でも2018年9月6日、北海道胆振東部地震に伴い、北海道電力エリアで「ブラックアウト」が発生しています（158ページ参照）

図1-6 ロードカーブ

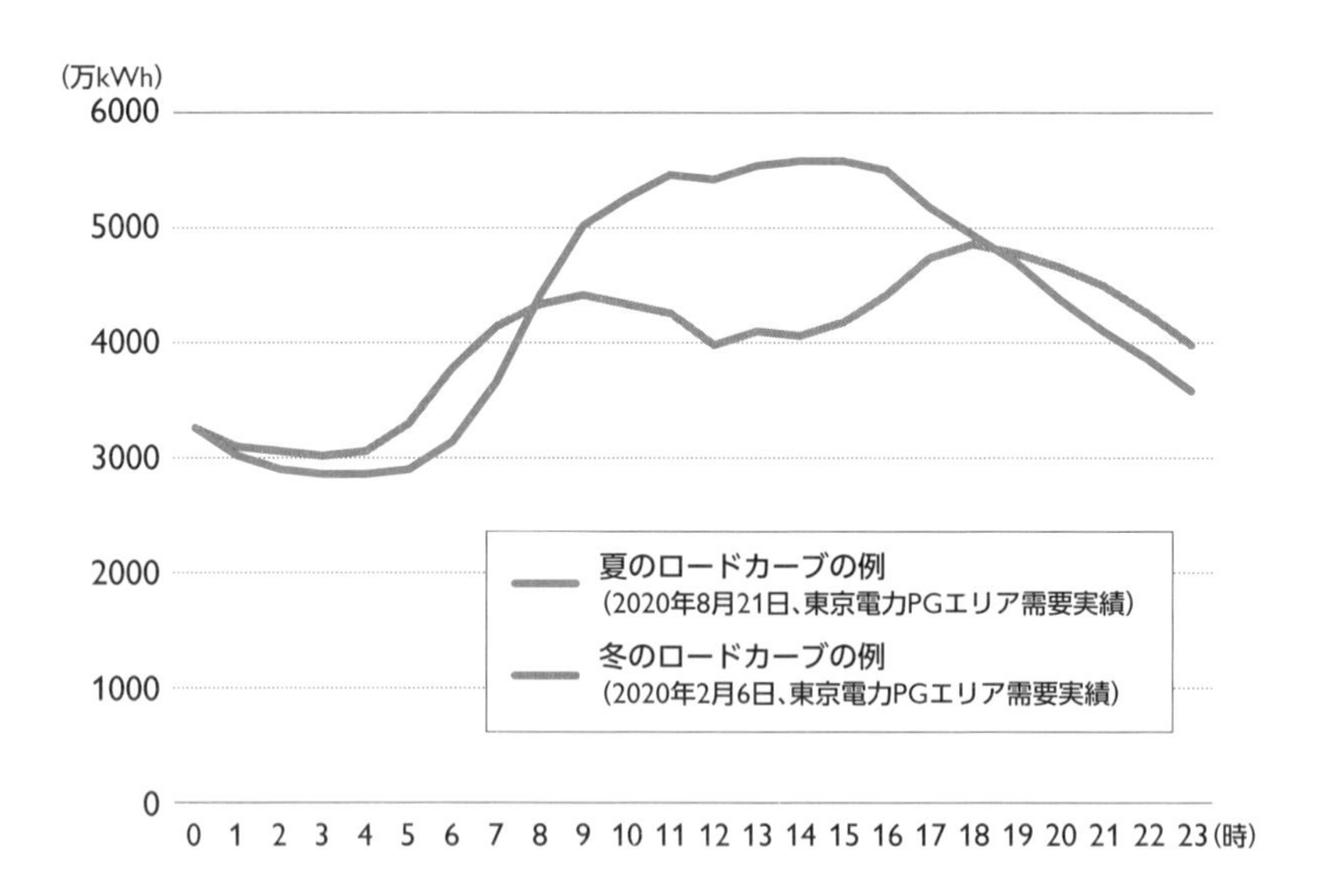

(出所) 東京電力PG

ロードカーブ

貯蔵が利かない電気の品質を保つために必要なのが、発電量と消費量を常に一致させて「周波数」を一定に保つこと、と説明しました。発電量と消費量の関係は、電力需要の「ロードカーブ」を見るとよく分かります。

ロードカーブは「日負荷曲線」とも呼ばれ、1日の電気の使われ方を5分~1時間間隔ほどでグラフに示したものです 図1-6。

ロードカーブの形は季節や気温、地域、休日か平日か、といった要素で大きく変化してきますが、日本固有の特徴といえばなんといっても需要の変化の大きさだと思います。諸外国と比較すると、日本は昼間と夜間の電力消費にとても大きな差があります。日本では夏の暑い時期に電気が最も多く使われるのですが、朝の時間帯に産業活動や経済活動の立ち上がりと冷房需要が重なり合って、電力需要が急増するためです。

このように数年前までは電力需要のピークは「夏の昼間」と相場が決まっていましたが、近年は冬の夕方にピークが立つケースも出てきています。背景には、お客さまの省エネが進んでロードカーブのヤマが立ちにくくなったこと、太陽光発電が普及したことなどがあります。供給力不足という観点では、急に日が陰るとか、あとは夕方、太陽光の発電量が落ちてくる時間帯に冬の暖房需要の増加が重なり需給が逼迫する……という事態を考える必要が出てきているのです。

Column

「電池」の実力

さて、「電気は貯蔵が利かない」と説明しましたが、技術進展の著しい蓄電池（バッテリー）を使えば、電気をためておくことができます。最近ではバッテリーの大容量化と低価格化が進展しており、1回の充電で500㎞の走行が可能な電気自動車（EV）も登場してきました。将来、EVが本格普及すれば、膨大な数の大容量バッテリーが世の中に普及することになります。

最新のEVであるテスラモーターのモデル3は、大容量（75kWh）のバッテリーを搭載し、航続距離は580kmとされています。平均的な家庭の1日の電力使用量を10kWh程度（月間使用量300kWh）とすれば、約1週間分の電気に相当し、停電時でもEVを非常用電源として活用できることがわかります。

わが国の電力使用量全体で評価するとどうでしょうか。日本の乗用車は現在6000万台以上ありますが、仮に将来2000万台ほどがEVとなり、それぞれに75kWhのバッテリーを積んだとすると、その合計容量は15億kWhに達します。これは東京電力PGが運用している揚水発電所に貯蔵可能な電力量の20倍近くに達する膨大な容量です。一方、日本の平均的な1日の電力使用量は25億kWh程度なので、全てのEVのバッテリーを使っても、1日もたないことを意味しています。貯蔵が利かないわけではないものの、在庫としては1日もたず、ためられる量は非常に限定的です。

また、貯蔵量が限られるため、充放電の制御を工夫して、少ない容量の蓄電池で効果が出るようにしなければなりません。バッテリーへの期待は大きいものの、ためられる電力量に限りがあり、電気は将来も「ためにくい商品」だといえるでしょう。

1-3

系統構成

基本は「放射状」と「ループ」「メッシュ」

電力系統を「連結された池」として考えた時、電力流通設備は、池を連結している「水路」に当たる部分です。離れた場所にある「発電」と「需要」をマッチングするために、それぞれの「池」の水の過不足を融通するのが「水路」になるわけですが、「池」と「水路」の組み合わせ方を「系統構成」といっています。

電力系統の構成や特徴は、国土の状況などにより各国で随分異なります。

電力系統の形態（構成）を単純化して表現すると「ループ」と「放射状」の2種類があります 図1-7。「ループ」は2カ所の変電所と変電所（あるいは発電所）が、複数の送電ルートで結ばれています。一方、「放射状」では2カ所の変電所が単一の送電ルートでしか結ばれていません。

一見複雑に見える送電網ですが、実はあらゆる電力系統はこの2つの基本形態を組み合わせて

図1-7 電力系統の形態（放射状・ループ・メッシュ）

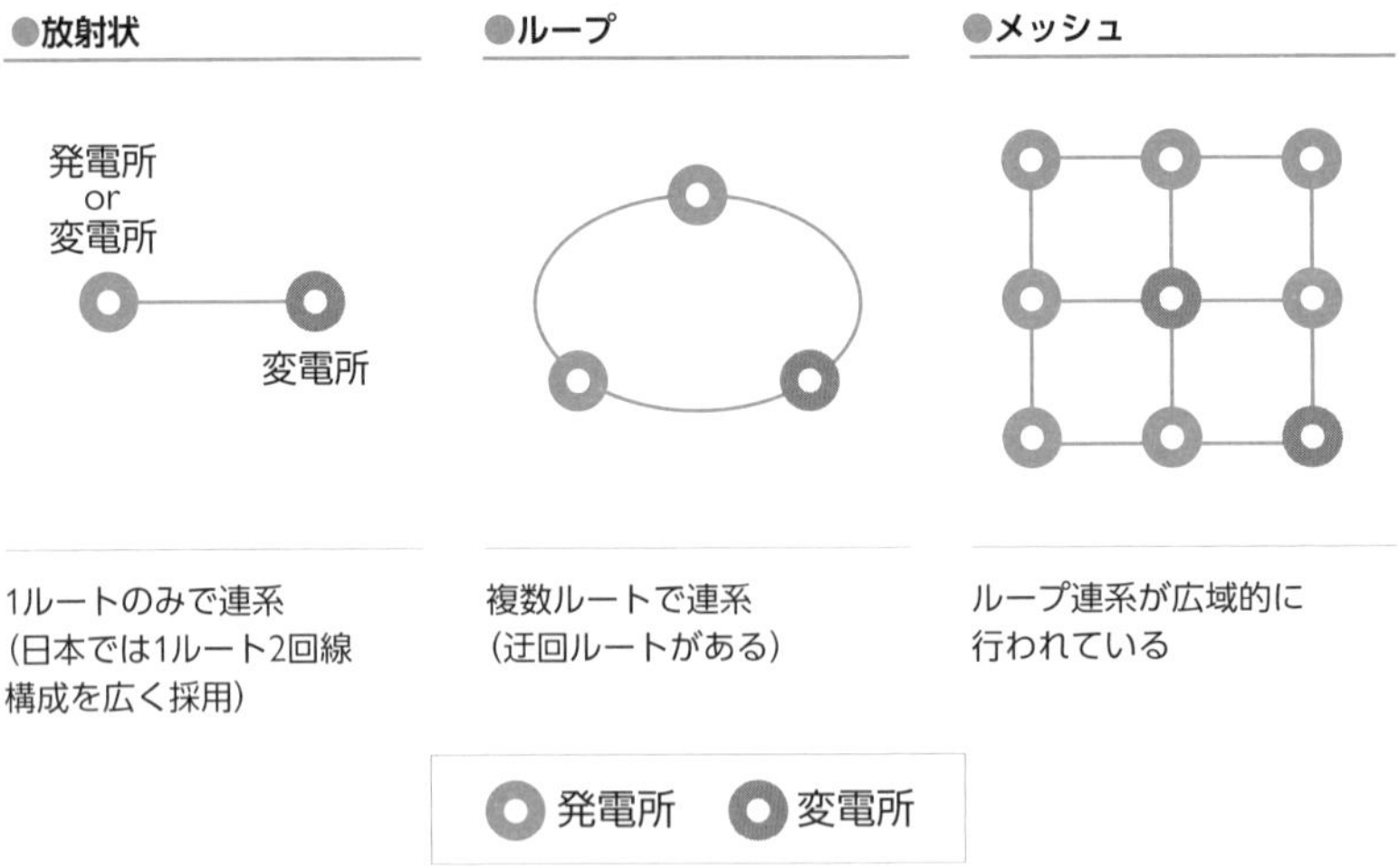

●放射状

発電所
or
変電所

変電所

1ルートのみで連系
（日本では1ルート2回線構成を広く採用）

●ループ

複数ルートで連系
（迂回ルートがある）

●メッシュ

ループ連系が広域的に行われている

発電所　変電所

（出所）岡本浩・藤森礼一郎著『Dr.オカモトの系統ゼミナール』

構成しています。「ループ」が面的に広がりネットワークが格子状あるいは網の目状になると、これを「メッシュ」と呼ぶことがあります。メッシュはループの発展形と考えればよいでしょう。なお、発電所や変電所を送電ルートで結ぶことを、系統を連ねるという意味で「連系」といいます。

日本の系統構成——くし形

日本全体を見ると、北は北海道から南は沖縄まで10の一般送配電事業者（旧一般電気事業者）があり、沖縄を除く9社の電力系統は、ほぼ南北に並んでいて、放射状に連系しています。日本の系統は、南北に連なる形状が、くし形や串だんご形のように見えるので、「くし形系統」ということが多いです。対して欧州では、各国の電力系統がメッシュ状に連系され、各国内の電力系統もメッシュに構成されていることが多いという特徴があります。

図1-8 日本の地域間連系線

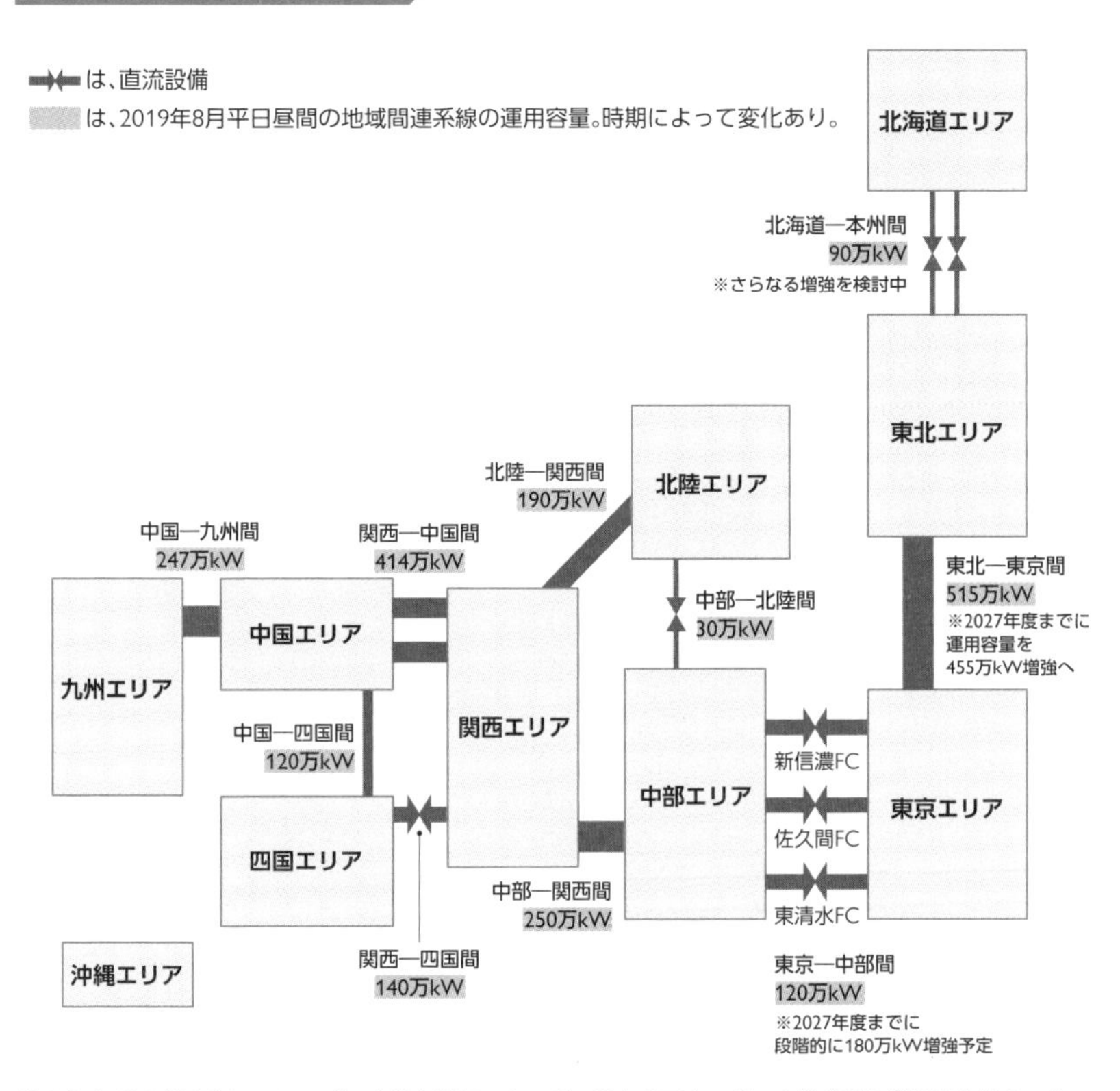

（出所）経済産業省資源エネルギー庁総合資源エネルギー調査会電力・ガス事業分科会脱炭素化社会に向けた電力レジリエンス小委員会中間整理

日本の系統はすべて相互に接続されているので、北海道から九州まで電気を送ることも可能です。ただそれぞれのエリアの系統は連系線で接続されていて（図1-8）、連系線を通じて流せる電気の量には上限があること、また日本は東日本が50Hz、西日本が60Hzと周波数が異なり、「周波数変換設備」を使って相互に接続していることがポイントです。周波数変換設備は佐久間（静岡県）、新信濃（長野県）、東清水（静岡県）の3カ所にあり、合計120万kW（将来は300万kWまで増強予定）の電気をやり取りしています。なお2021年3月には飛騨信濃周波数変換設備（90万kW）の運用が開始され、合計容量は210万kWに拡大されます。

くし形のメリットはまず、「潮流の管理」のしやすさです。メッシュだと、本当は流したくない場所にも電気が勝手に流れてしまう「ループフロー」の問題が生じます。ところが、くし形系統では、ある地域の潮流が他地域の潮流に影響を与えることが比較的少ないので、各社とも自分の地域の潮流を主に監視しています。

一方、日本のように長距離のくし形系統に電気を大量に流すと、いわゆる系統の「安定度」の問題が生じやすいというデメリットがあります。日本のような長距離のくし形系統は、非常に背が高くて細いビルと同じです。たくさんの電気を流そうとすると、重さに負けてビルが不安定になり、傾いて倒壊してしまう恐れが出てきます。ですから、潮流をしっかり管理し、万一の事故の時でも安定度が損なわれないようにしなくてはいけないのです。

全国連系と「直流」「交流」

電力会社間をつなぐ地域間連系は、日本の場合、50万V交流送電線か直流送電設備のいずれかを使っています。直流設備には周波数変換所、直流海底ケーブルなどの連系設備が該当します。「直流送電」では直流と交流を変換する「交直変換設備」が必要で、その分コスト高になります。

6　発電機と需要設備とを往復しているだけの、仕事をしない（消費されない）電力

図1-9　直流連系のイメージ

●交流

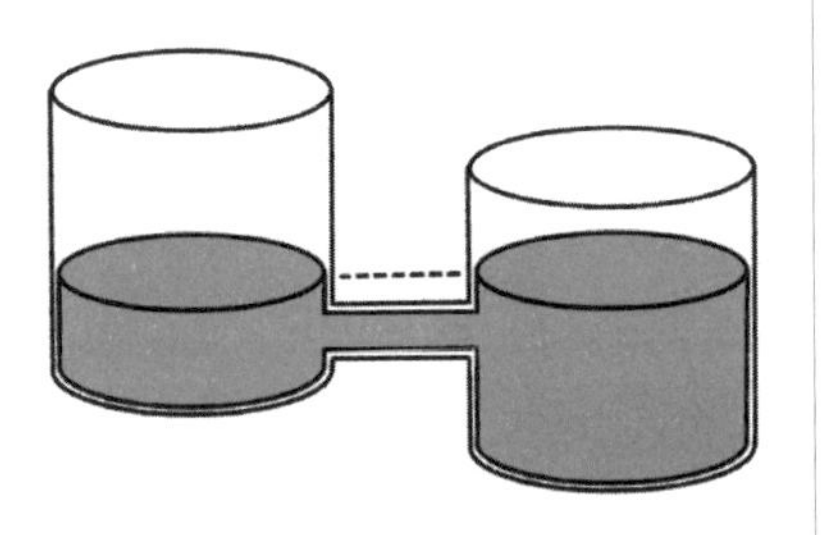

水位が等しくなるまで
水が流れる

●直流

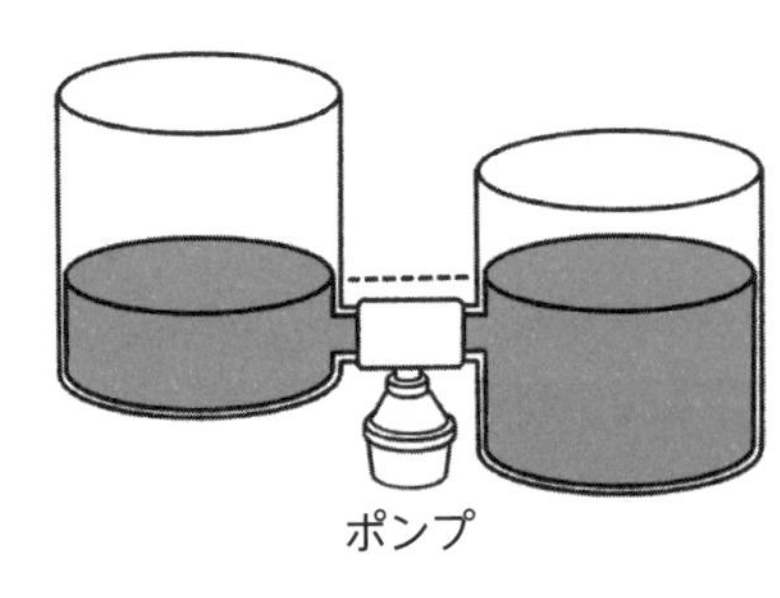

能動的に送電

筆者作成

半面、直流は交流と違って電圧が一定になり、送電線の絶縁設計が有利になるので、送電設備が簡素で安価になります。

日本では北海道と青森を結ぶ北海道本州連系設備（北本連系線）や徳島と和歌山を結ぶ紀伊水道設備（阿南紀北直流幹線）など、海底ケーブル送電に直流が採用されています。海底ケーブルの長さが数十ｋｍ以上になると、交流の場合は「無効電力6」がたくさん流れて、ケーブルの送電容量が制限されてしまうので直流が採用されています。

もう一つは、直流は「系統ごとの独立性を保ったまま連系できる」というメリットがあります。交流での連系は、「池」同士を通常の「水路」でつなぐことに相当しており、「水路」でつながれたすべての「池」の水位が等しくなるまで勝手に水路に潮流が流れますが、直流での連系の場合は汲み上げ式のポンプで「池」と「池」をつなぐのに相当しており、「池」の水位には関係なく潮流を制御することができます図1-9。

例えば、50Ｈｚ地域にあたる北海道・東北・東京の3地域は、北本連系設備という直流送電でつながっています。連系設備でつながってはいても、例えば、北海道が50・02Hzで、本州が49・97Hzという微妙な違いが生じることもあります。それでも直流連系だと両方の系統が独立しているので、系統全体は安定しています。その他、直流で連系すると事故時に他の系統から事故電流が流れ込まないので、それぞれの系統の独立性が保ちやすいという利点も挙げられます。

●●● 広域連系

全国連系がここまで進んできたのは、連系線の建設に多様な効用が見込めるからです。

初期の電力系統は、電源と需要を単純につないだシンプルなものでしたが、相互に連系がないため、電源や電線に事故があるとその系統は、たちまち停電してしまいました。

このため地域内の系統のネットワーク化を進め、電源や送電線に事故が起きても停電が生じにくく、かつ予備的な電源への投資を節約できる連系線を構築しました。さらにこの考え方を異なる電力会社（一般送配電事業者）の地域間の連系線にまで発展させたのが、「広域連系」という考えです。

広域連系の最大のメリットは、一方の系統に供給力不足が生じた場合の「応援融通」が可能になることです。景気動向や気象の変化、設備事故といった想定外の需要変動に、一地域だけで対応しようとすると、地域ごとに大きな予備力を持つ必要があります。

しかし、全地域が同時に需要想定を上回るということは、確率的には生じにくいことです。そこで、連系線を通じて供給力に余力のある地域から供給力が不足する地域に応援融通できれば、日本全体として予備力を節約できることになります。

このほか同じ周波数の系統同士を連系線でつなぐと、その分だけ系統の規模が大きくなり、周波数や電圧が安定しやすくなるという効果もあります。スケールメリットを生かした大規模な発電所建設も可能にします。

地域ごとの需要特性・電源構成の違いを利用した全国大での電源の効率運用や、広域的な電力取引などによる経済性向上にも寄与してきました。電力システム改革では市場取引を通じた電源の広域運用に関する施策も進められています。電力設備のレジリエンス確保、効率的な電力設備の形成といった観点からも、広域連系は今後ますます重要性を増すでしょう。一方で1つの連系線につき数百～数千億円規模の建設費がかかるので、費用対効果を考えて建設することが大切です。

1-4

電力市場と系統

相互作用する「市場」と「電力系統」

電力系統は長年にわたって発送電一貫体制の電力会社によって構築・運用されてきました。各国で電力の卸・小売分野の自由化が進み、わが国でも独立系の発電事業者（ＩＰＰ）や再生可能エネルギー事業者、新しい小売事業者（新電力）など様々なプレイヤーが卸・小売市場に参入する時代になりました。さらに電気を取引する場としての卸市場も形成されていきました。

一方、電力の自由化といっても、電力系統そのものが全く新たに作り直されるわけではなく、既存の電力ネットワークはそのまま利用されることになります。

では、電力自由化のもと新たに構築された電力市場は、既存の電力系統にどう作用していったのでしょうか。

図1-10は米国の国立標準技術研究所（ＮＩＳＴ）がスマートグリッド技術の標準化を行うた

7　図中に示しているようにお客さま側に分散型電源が入ってくることも想定されています

図1-10 電力取引レイヤーと物理レイヤー

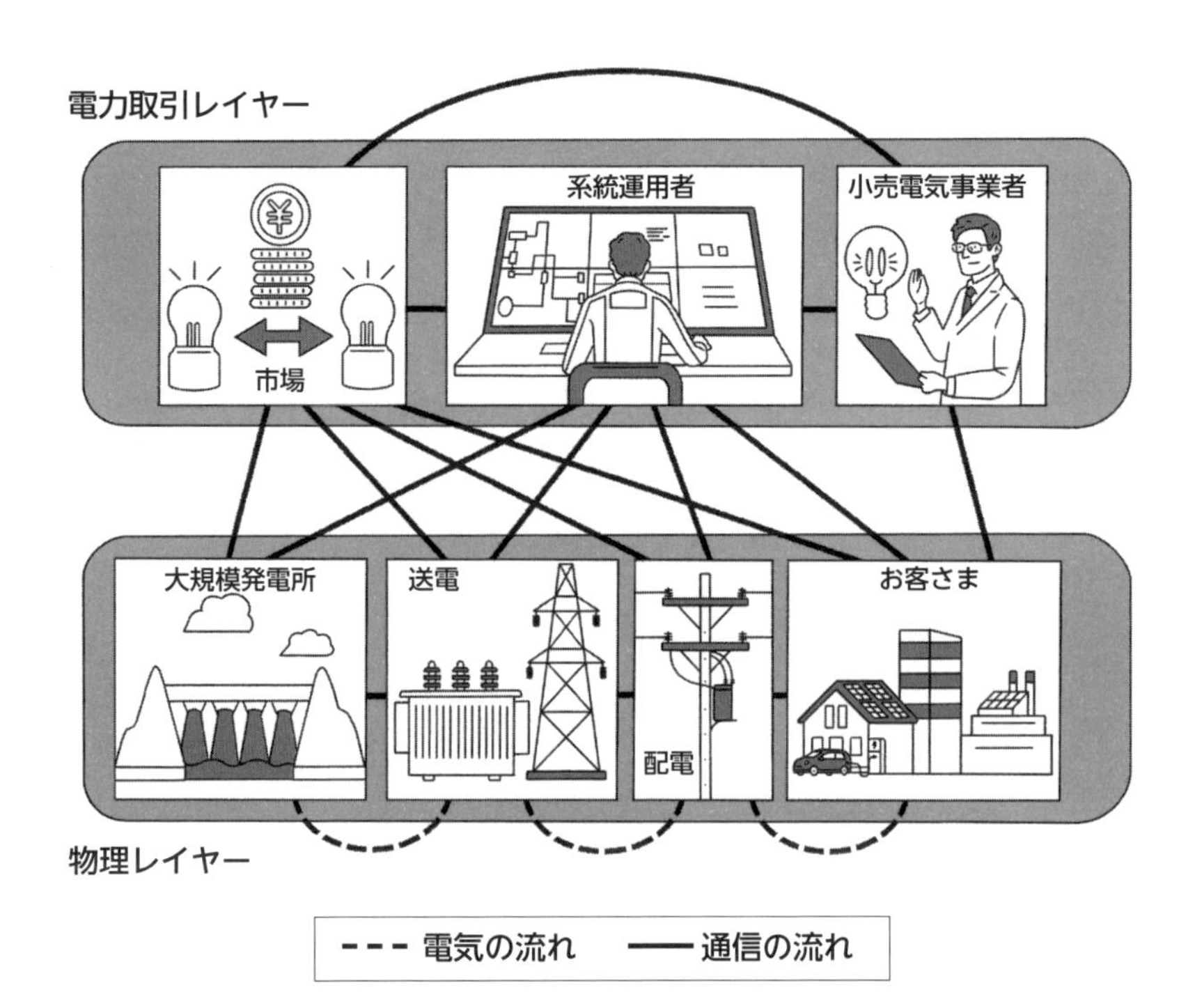

(出所) NIST Smart Grid Framework1.0 January 2010をもとに作成

めに作った概念モデルを書き直したものです。この図にあるように大規模な発電所から送電・配電ネットワークを通じてお客さま設備[7]まで電気が届けられるという電力系統の物理的な構成は、自由化しても変わりません。ここでは、図の下半分に描かれている電力系統を「物理レイヤー」(実際の電気の流れ)と呼び、上半分の電力取引が行われている部分を「電力取引レイヤー」(取引対象としての電気の動き)と呼ぶことにしましょう。

図から分かる通り、電力取引レイヤーでの取引は、その時点での電力の需給状態やネットワークの空き状況など、物理レイヤーからの影響や制約を受けます。一方で物理レイヤーをどう運用するかは、電力市場で行われる発電事業者と小売事業者の電力取引（電力市場も活用されます）の結果に基づいて、系統運用者が電力系統の運用を行い、決めることになります。つまり電力取引レイヤーと物理レイヤーでの活動が相互に作用することで、電力系統の運用と電力取引が行われているということがいえます。

さらに電力の取引活動を通じて、事業者間でその対価が支払われることで、事業者間にお金の流れが生じます。各事業者により将来の収益を得るために発電設備やネットワークなどへの投資活動が行われることで、物理レイヤーの設備が拡張・更新されていくことになります。したがって「電力取引レイヤー」での事業者の行動に大きな影響を与える電力市場の設計が、電力系統の運用と構築にとって極めて重要であることがわかります。また電力系統の運用と設備形成を考える上でも、電力市場への理解が不可欠になっているのです。

前述の通り、電力取引は電力系統の物理的な制約に合わせて行われる必要があります。発電事業者と小売事業者の間では、実際に発電される電力量（ｋＷｈ）が取引されますが、このほか図1-11に示したように電力系統の安定を保つため、発電事業者と系統運用者の間で2つの価値（ｋＷ価値と⊿ｋＷ価値）の取引が順次始まります。【3章-1】で詳述しますが、ｋＷ価値とは発電して市場に供給することができる能力、⊿ｋＷ価値とは短時間の需要と供給のギャップを埋める需給調整能力を意味しています。これら2つの価値はｋＷｈを主役とすれば脇役のような

図1-11 電気が持つ「3つの価値」

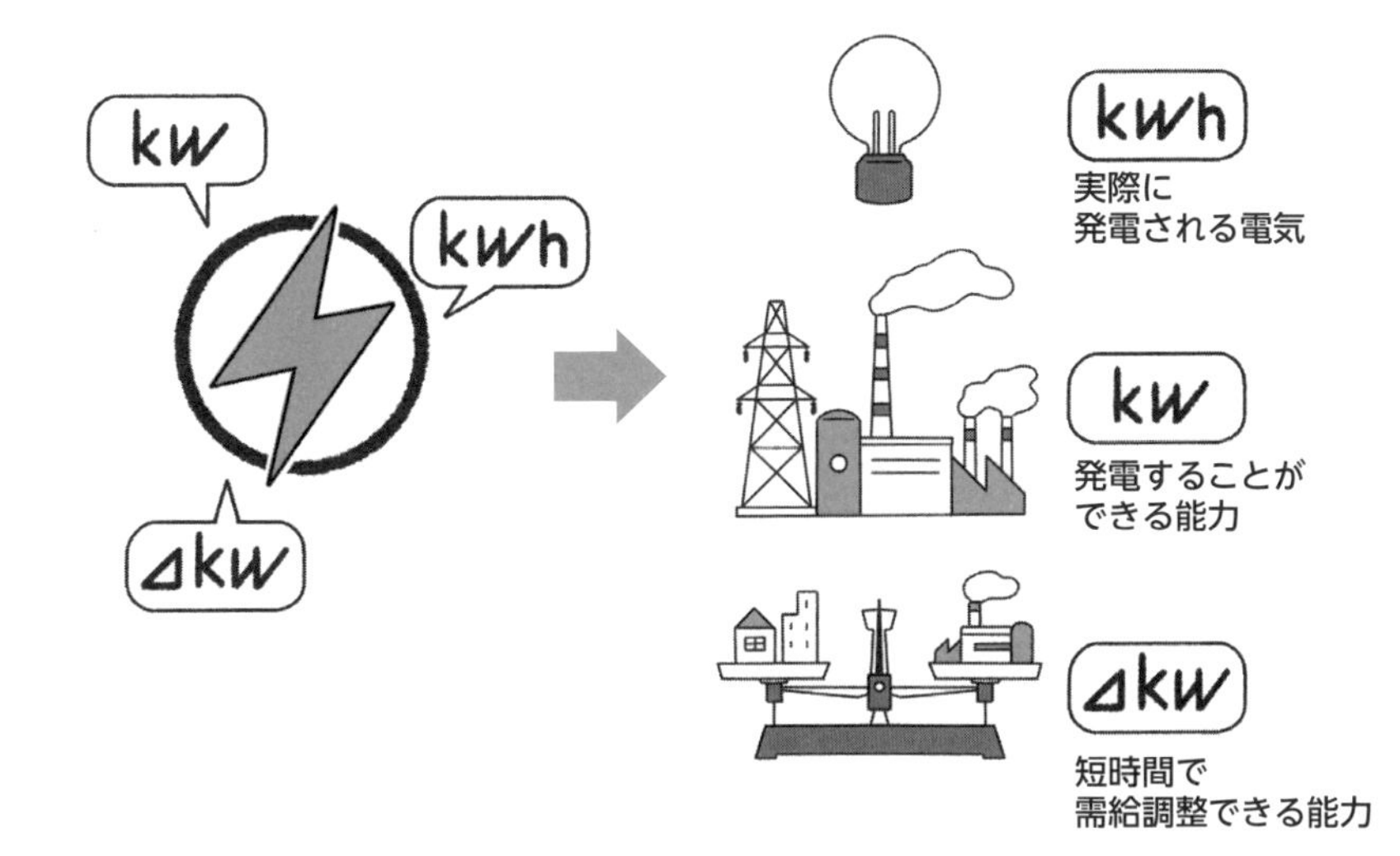

これまで一体で
考えられてきた
「電気が持つ価値」を…

機能により3つの価値に分化

ものですが、安定供給のために欠かせない価値なのです。

2章 電気事業の歴史をひもとく

私たちの生活や産業はもはや、エネルギーなくして成り立ちません。約46億年にも及ぶ地球の歴史を振り返ると、人類はごくわずかな間に、飛躍的に文明を発展させてきました。そこでエネルギーの果たした役割は非常に大きく、エネルギーなくして今日の社会を築くことは不可能だったでしょう。2章では人類が初めて「火」というエネルギーを手にして以降、「ネットワーク化された電気」という便利な形態のエネルギーシステムを構築するまでを振り返っていきます。

POINT!

- 19世紀後半にトーマス・エジソンが始めた電気事業は、後にサミュエル・インサルにより交流ネットワークのビジネスとして確立された
- インサルは「自然独占」と「総括原価」の仕組みを取り入れ、「Utility1.0」としての電力ビジネスを成功に導いた
- 日本の電気事業は黎明期の自由競争の時代、戦前の国家統制、戦後の地域独占・一貫体制を経て、現在の「Utility2.0」の領域へ

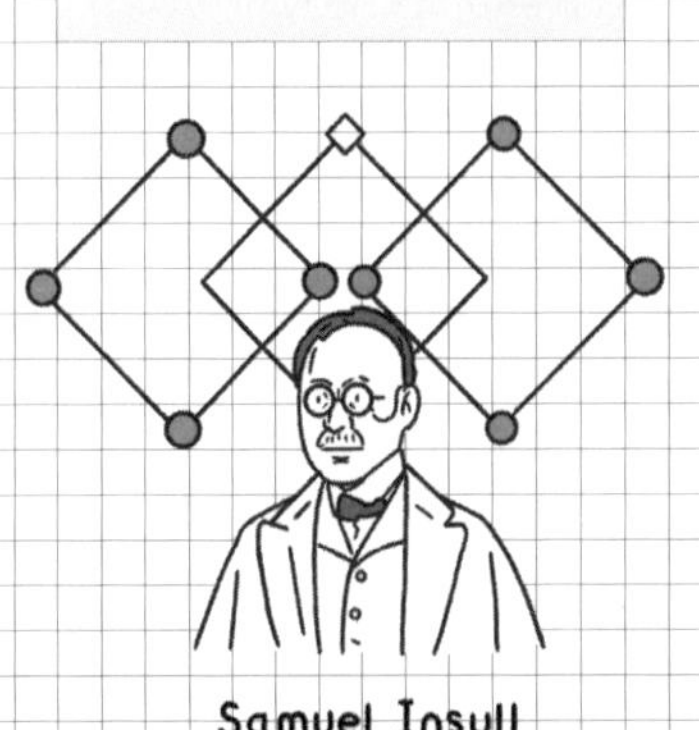

2-1

エネルギーと電気事業の歴史

火の利用から巨大ネットワーク構築まで

人類とエネルギーの歴史は数十万年以上前、「火」の利用から始まりました。人類はその誕生以降、狩猟や採集、生きるためのすべての仕事を自分の手で行っていましたが、「火」を発明したことで大きなエネルギーを操ることが可能になったのです。

その後、牛や馬の力を利用して農耕や牧畜を始め、紀元前後から中世にかけては水車や風車、帆船などの形で自然のエネルギーを利用できるようになります。薪炭の利用も始まりました。

文明が飛躍的に発展するきっかけとなったのが、18世紀後半の産業革命です。世界史のおさらいになりますが、その興りのきっかけとなったのが、英国のジェームズ・ワットによる蒸気機関の開発です。石炭を燃料とする蒸気機関は工場の機械を動かす動力となり、それまで人の手で行っていた仕事を機械が行えるようになりました。移動手段も徒歩や馬、帆船から蒸気機関車や蒸

図2-1 エネルギー転換の経緯

18世紀半ば　19世紀末　1970年代　21世紀

薪・木炭 → 第一次産業革命と石炭 → 石炭から石油へ → 脱石油化（原子力／天然ガス／新エネルギー） → 脱炭素化

▲火の利用　▲蒸気機関の発明　▲自動車の登場（電気の登場）　▲石油危機　▲気候変動問題（パリ協定）

気船にかわり、より速く・遠くへ、たくさんの人やモノを運べるようになったのです。同時にエネルギー大量消費時代の幕開けともなりました。

「電気」の登場

蒸気機関による産業革命に世界が沸く傍ら、「電気」にまつわる研究もその当時、一気に開花しました。

電気の存在自体は18世紀半ば、米国の政治家・物理学者であるベンジャミン・フランクリンらによって実証されていましたが、実際に電気を「取り出す」ことに成功したのはイタリアの物理学者、アレッサンドロ・ボルタです。彼は18世紀末、銅と亜鉛の2種類の金属板に薄い硫酸を含んだ厚紙を挟み、世界初の電池を作りました。その後、多くの研究者による成果が積み上げられていきますが、電気の実用化につながる発見を残したのが、英国の化学者・物理学者、マイケル・ファラデーです。彼は1831年、発電機やモーターに今でも応用されている「電磁誘導の法則」に気付きました。これは後にエネルギーの電化へとつながるエポックメーキングな発見となりました。

ただ産業や生活に組み込まれたエネルギーとして電気が使われるようになるのは、エジソンによる電気事業の開始を待つことになります。

エジソンの電気事業

世界初の電気事業は、トーマス・エジソンが1882年9月4日、ニューヨークでスタートさせました。この時は、彼が初めて商品化に成功した白熱電灯を普及させるために始めたビジネスという側面が強くありました。発明王として名高いエジソンは1879年、扇子の竹のフィラメントによって白熱電灯の200時間連続点灯に成功。その後の改良によって商品化にこぎ着け、この高性能な白熱電灯を普及させようと、顧客の電化がスタートしました。ニューヨークで白熱電灯1000個に明かりを灯すために、市内のビルに発電機を置いて、低圧の直流配電線を30km引き回し、近隣の数kmほど

図2-2 トーマス・エジソン

離れた複数の需要家に電気を届けたのです。

「明るく長持ちする電灯の普及」を目的にスタートした電気事業はその後、急激な発展を遂げることになります。電気の普及は世界各国の産業革命を実現する大きな原動力となり、生産性を飛躍的に向上させ、世の中を豊かにすることに貢献してきたのです。

●●●「直流」か「交流」か

エジソンが電気事業を始めてしばらくすると、「直流」「交流」論争が巻き起こりました。「1章-1」で、遠く離れた発電所から大量の電気を送るには高い電圧が効率的だと説明しましたが、19世紀の技術では直流の電気を高い電圧に上げることができませんでした。エジソンは「直流」を主張しましたが、これだと遠くまで電気を届けることができません。つまり直流で電気事業を行うと、発電所の半径数kmにしか電気を送れず、分散型になって都市部に発電所をたくさん造らなければならないのです。

直流を主張するエジソンに対し、交流の利点を主張したのがエジソンの弟子、ニコラ・テスラです。彼は交流の発電機とモーターを作り、電気を効率よく届けるためのシステムを考案しました。送電線3本を一組として電気を送る仕組みの、今でいう「三相交流システム」です。さらに交流の電気は、当時発明されていた変圧器を使い、電圧を簡単に上げることができるようになっていました。電圧を上げると、少ない電線で大量の電気を遠くまで送り届けることができます。発電所の数も少なくて済むというわけです。交流の良さはいろいろありますが、この時代にエジソンとテスラを決定的に分けたのは、高電圧化による長距離大容量送電が可能だったかどうかの差です。

テスラの交流技術の実用化を後押ししたのが、米国の電気産業の先駆者、ジョージ・ウェスティングハウスです。ナイアガラの滝の水力発電で発電した電気を、約40ｋｍ離れたバファローという工業都市まで送るプロジェクトに挑み、大規模・大容量送電の実用化に成功します。数十ｋｍ以上離れた水力発電所からも、ネットワークをつないで都市部に電気を送ることができる——。ここで決定的に差がついて、交流によるネットワーク化がその後の主流になっていきました。

交流ネットワーク化の立役者——サミュエル・インサル

大規模発電・大容量送電の電気事業が、世界各国の産業を成長させる原動力になる——。「Utility1.0」のビジネスモデルを確立し、電気事業を急成長させる立役者となったのが、エジソンの秘書として出発したサミュエル・インサルです。
インサルはシカゴを中心に電力ビジネスを展開するなかで、電気を利用する顧客にはいろいろなタイプがあることに着目しました。電力需要には電鉄、電灯、動力と様々な用途があることに気付いたのです。これを全て同じネットワークにつなげば、常に誰かに電気を使ってもらえるようになります。24時間需要があれば、発電所やネットワーク設備の稼働率が上がり、1kWhあたりの固定費が下がります。できるだけネットワークを大きくして、たくさんの需要家にまとめて電気を届けるビジネスモデルがよい――。「大規模発電・大容量送電」のビジネスモデルに着眼したインサルにより、いまの電気事業の礎が築かれたというわけです。

図2-3　サミュエル・インサル

サミュエル・インサルと垂直統合型の電気事業

Q　サミュエル・インサルのことは初めて知りました。

A 日本ではあまり知られていない人物ですが、エクセロンという米国・大手電力会社の中核であるコモンウェルス・エジソンを実質的に仕切って大きくしていった人です。

インサルはシカゴを中心に電力ビジネスをスタートしました。電灯に次いで電化が行われたのは、電鉄や市電などの鉄道でした。働く人たちは毎朝、電車に乗ってオフィスに出社し、夕刻に電車で帰宅するわけです。移動手段の電化から始まったビジネスは、オフィスや工場で使う動力や、ビルの明かりの電化へ広がりました。ここで電気事業を手がけるなかで、電鉄、電灯、動力と様々な用途があり、需要を「ネットワーク化」することが電気事業の経済性向上につながると気付いたのです。

Q 設備の稼働率が上がり、固定費が下がるというお話もありました。

A インサルはネットワークをできるだけ大きくし、より多くの需要家を取り込むことで低コスト構造を築くことに成功しました。朝・夕には電鉄、昼には工場の動力、夜には電灯というように同じ発電所とネットワークを稼働すれば、設備の稼働率が飛躍的に上がり、これによりコストが大きく低減したわけです。

加えて、電力ビジネスを成功に導いたもう一つの仕掛けが、従量制で電気料金を得る仕組みです。

Q 従量制というのは、「電気を使った分だけ料金を支払う」ということですね。

A そうです。それまでは、例えば「電灯の明かり」というサービスの対価として料金を得る仕組みでした。「使用電力量1kWhあたりいくら」という料金設定ではなく、「電球1個あたり月額いくら」という形、いわゆる定額制ですね。従量制を導入するには、使った電気の量を計測する必要があるのですが、ヨーロッパですでに発明されていた電力量計を活用することでこれも可能になりました。

Q 従量制になることで、ビジネスとしてどんなメリットがあったのでしょう。

A 需要家側にとってはどんな用途に電気を使ったとしても、初期費用なしに「使った分だけ」電気代を支払えばよいことになります。電化製品を追加するハードルが下がるので、さらに電化が進むことになります。そうすると交流の電力ネットワークに入る需要家がさらに増え、この仕組みが好循環することで電気事業はさらに成長し、電化も一層進む構造になります。つまり従量料金も、電気の利用を広げる原動力になったといえるでしょう。

ビジネスとしての電気事業の成功——自然独占

電力ビジネス創業期の、〈従量料金制の導入→電力ネットワークに入る需要が増える→設備稼働率が向上〉という好循環は、設備費用（固定費）の低減に大きく貢献しました。電気事業が今日のように発展した背景にはもう一つ仕掛けがあって、それが「自然独占（必然的な独占状態）」の発生です。

発電も需要も電力ネットワークに接続することで、電力システム全体のコストが下がるわけですが、ネットワークを二重、三重に作るのは効率的ではありません。このため、これを「自然独占」という形で、1つの事業者だけが電気を供給するようになりました。一方で独占市場でも電力供給が滞ることのないよう「供給義務」が課され、また電気料金が不当に高くなることのないよう、「総括原価方式[1]」による料金規制が導入されたのです。

電気事業の〝好循環〟を続けようとすると、事業者はどんどん設備投資をしていかなければなりません。けれども、事業にかかる費用を確実に回収できる「総括原価方式」の導入により資本調達が容易になり、資本コストを抑制でき、低コスト構造が加速されることになりました。

電気事業はビジネスが拡大するほどコストが下がる「規模の経済」がきわめて強く働く構造ですが、さらにその周りに自然独占・総括原価という規制の枠組みをつくることで事業として発展

1 電気事業の運営に必要な費用（供給原価）に適正報酬を加え料金を決定する方式

図2-4 ｜ Utility1.0の確立

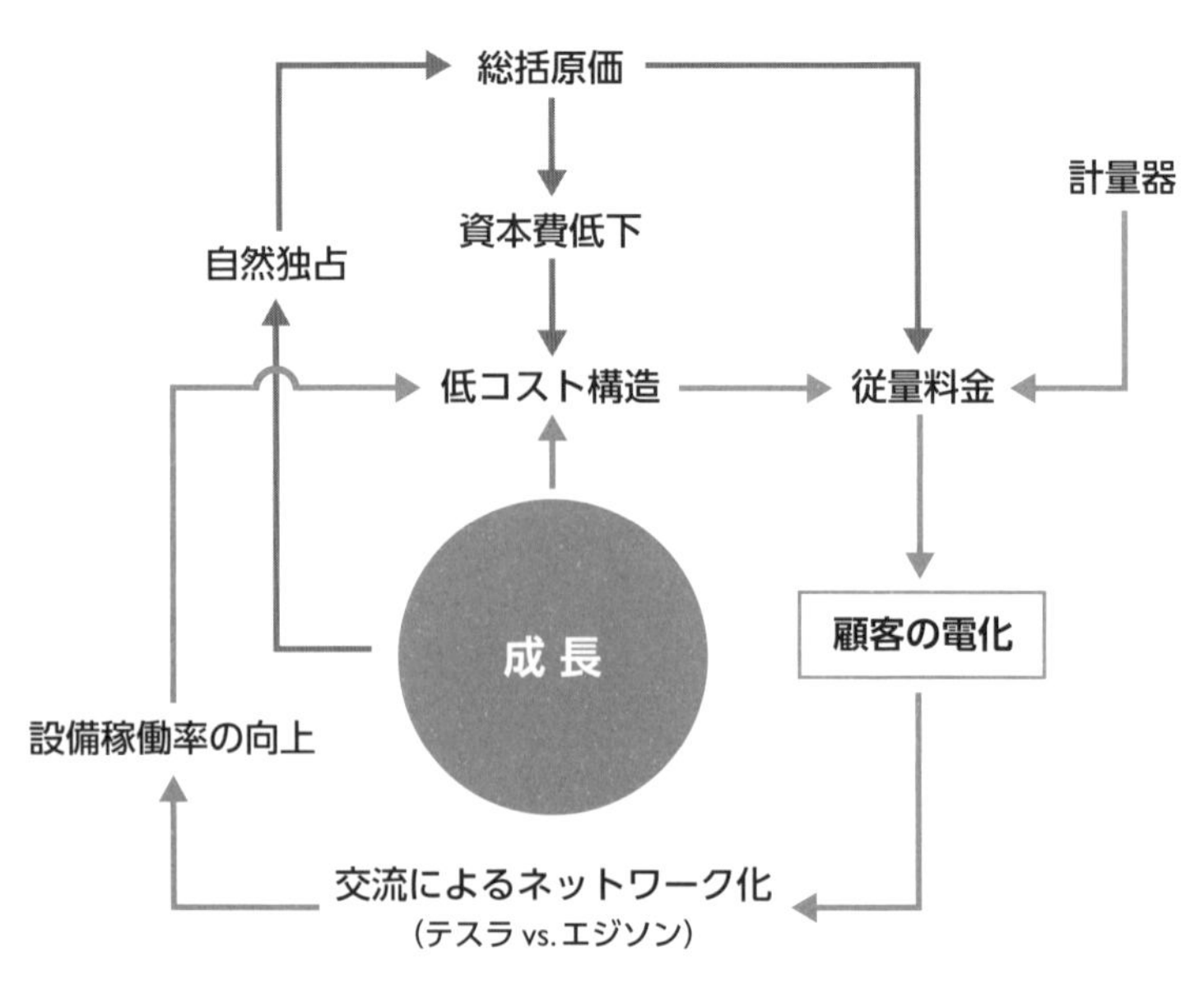

筆者作成

していったのです。非常に成功したビジネスモデルだったといえます。

サミュエル・インサルが確立した「Utility1.0」の電気事業 図2-4 は、【1章-2】で登場した「パワープール」の確立にもつながりました。「ネットワーク全体で需要と供給のバランスが取れていればよい」という概念でした。これがまさに「規模の経済」を動かす基盤になったのです。

オンサイトから大規模ネットワーク化へ

エネルギー利用の歴史を振り返ると、産業革命までの時代と、ネットワーク化された電気を利用する時代とで決定的に異なる点が1つあります。産業革命はモノ・人の移動に革命を起こしたものの、エネルギー利用そのものは利用地点それぞれで石炭を燃やし動力を得る「オンサイト」、つまり分散型にとどまっていました。一方で電力ネットワークの構築により、品質や価格が均質化されたエネルギーが一定の広い範囲で利用できるようになったのです。

2-2 日本の電気事業

創業期の電気事業

ここからは日本の電気事業を振り返ってみましょう。1887年（明治20年）11月、東京電力の前身である東京電燈が初の営業用火力発電所として東京第2電灯局を落成。一般供給を始めました。ニューヨーク、ロンドンで電気事業が始まった5年後のことでした。

当時は東京電燈もエジソンに倣い、低圧直流方式でのスタートでした。けれども事業開始から10年後の1897年（明治30年）には、ドイツ・アルゲマイネ電気社製の三相交流式発電機を導入しました。これは50Hzの発電機で、これを機に直流から交流へ事業を転換、今に至ります。

一方、関西電力の前身である大阪電燈では、米国・トムソンハンストン社（現・GE社）製の発電機を導入。米国では60Hzが標準だったため、これにより日本では静岡県富士川を挟んで東側が50Hz、西側が60Hzに分かれることになったのです。

地域独占のビジネスモデル

日本の電気事業創業期は水力発電の大規模開発が中心に進められ、火力は需給の調整役を担う「水主火従」の時代が続きます。大正初期にかけ民間による完全自由競争の時代があり、一時期は全国の電気事業者数が約700にも上りました。「自然独占」の事業形態には至らず、この頃は電力ネットワークへの複数投資も行われました。それぞれの電力会社が独自の送配電網を造り顧客を争奪するという〝電力戦〟が展開されたのです。ところが第一次世界大戦後の景況悪化を背景に、乱立した電気事業者の解散・合併が相次ぎます。その中でも特に規模の大きい五大電力会社[2]へと再編されるに至りました。

しかし第二次世界大戦前には国家統制で電気事業者も収れんされ、1939年（昭和14年）には発電・送電事業を国家統制で1社に集約させた「日本発送電」が発足しました。さらに当時の五大電力会社を含めた民間電力会社を解体し、新たに設立された9つの配電会社に配電・小売事業を移管して、電力の国家管理体制となりました。ところが日本発送電が実際に運営を開始すると、許認可や準備命令などの上意下達が上手くいかず計画が進展しないという問題が発生し、電源開発計画も一向に進みませんでした。

現在の電気事業の原型となる9電力会社の発足は戦後の1951年（昭和26年）5月のことで

2　東京電燈、東邦電力、大同電力、宇治川電気、日本電力

図2-5 日本の電気事業の歴史

明治11年	1878年	東京・虎ノ門工部大学校ホールでアーク灯を点灯
明治19年	1886年	日本初の電気事業として有限責任東京電燈会社が開業
明治20年	1887年	国内初の営業用火力発電所・東京第2電灯局が落成。 同年、東京電燈が一般向け電力供給を開始
明治25年	1892年	国内初の営業用水力発電所・蹴上発電所が落成
昭和14年	1939年	日本発送電が設立。発送電事業は国家管理へ
昭和17年	1942年	配電会社が営業開始
昭和25年	1950年	電気事業再編成令、公益事業令が公布
昭和26年	1951年	日本発送電および9配電会社を解散、9電力会社を設立
昭和38年	1963年	昭和37年度末、日本の発電設備が「火主水従」に
昭和39年	1964年	電気事業法公布
昭和41年	1966年	日本原子力発電東海発電所が運転開始。国内初の原子力営業運転
平成7年	1995年	電気事業法改正。昭和39年公布以来、初の本格改正。 ①卸発電部門の自由化 ②特定電気事業の創設——など柱
平成11年	1999年	電気事業法改正（2000年3月施行）。 ①特別高圧部門（2万V、2000kW以上）の小売部分自由化と特定規模電気事業の創設 ②料金規制手続きの緩和——など柱
平成14年	2002年	新エネルギー等の利用に関する特別措置法（RPS法）公布
平成15年	2003年	電気事業法・ガス事業法の改正を公布
平成16年	2004年	電力小売部分自由化範囲、高圧500kW以上の需要家まで対象を拡大
平成17年	2005年	京都議定書が発効 電力小売部分自由化範囲、高圧50kW以上の需要家まで対象を拡大 日本卸電力取引所（JEPX）運用開始。卸電力の市場取引が開始
平成21年	2009年	太陽光発電の余剰電力買取制度が開始
平成23年	2011年	東日本大震災が発生。東北地方太平洋沖地震に伴う津波の影響で、東京電力福島第一原子力発電所が全電源喪失
平成24年	2012年	再生可能エネルギーの固定価格買取制度（FIT）開始
平成27年	2015年	改正電気事業法が施行。 電力システム改革第1段階として、電力広域的運営推進機関など運用開始
平成28年	2016年	改正電気事業法が施行。 電力システム改革第2段階として、電力小売全面自由化を開始。小売自由化範囲は全ての需要家に拡大
令和2年	2020年	改正電気事業法が施行。 電力システム改革第3段階として、送配電部門の法的分離（発送電分離）を実施

す。国家管理の日本発送電と9配電会社を分割・民営化して、全国9ブロックの垂直一貫体制の民間電力会社に再編されたのです。さらに1972年（昭和47年）には沖縄の本土復帰に伴い沖縄電力が設立。現在の10電力体制に至りました。

「自然独占」と「総括原価」の両輪で電気事業を成長させる仕組みは、戦後の9電力会社の設立以降、日本の経済発展とともに力を発揮してきました。経済成長に伴い電力需要が伸びていく時期は、とにかく供給が追いついていかなければなりません。それには十分な電力供給が可能な事業基盤が確立していることが不可欠だったのです。

ところが2000年ごろから、最大電力や販売電力量で見るとすでに成長は踊り場にさしかかっていました。そうした状況のなか、2000年3月に電力小売部分自由化がスタートし、さらに2011年の東日本大震災が起きたのです。

2020年・送配電の法的分離へ

「自然独占」と「総括原価」の両輪で経済成長を支えてきた日本の電気事業は、「卸発電市場への参入自由化」という形で1995年、9電力体制発足後初めて競争原理を取り入れます。2000年3月には電力会社の地域独占で展開されていた小売分野で部分自由化を開始。以降、段階的に小売自由化範囲を拡大してきましたが、２０１６年４月には全面自由化に至ります。さらに電気事業法上、垂直一貫体制の「一般電気事業者」という事業者区分がなくなって、発電事業・小売事業・一般送配電事業の３ライセンスに整理されました図2-6。

市場開放と歩調を合わせ、電力ネットワークのあり方も変化を遂げてきました。

ネットワーク化された電気事業の創生から自然独占・一貫体制のもとでの電気事業の展開を「Utility1.0」とすると、ここから先は「Utility2.0」の領域へと入ります。Utility2.0は簡単に言えば送配電インフラを第三者に開放することです。そして、その契機となるのが送配電部門の法的分離です。エリア外の電力会社（旧一般電気事業者）や新電力、発電事業者も使えるよう、オープンアクセスしなさいというものですね。ここから先は次章で詳しくお話ししましょう。

図2-6 ライセンス制

●2016年3月末まで

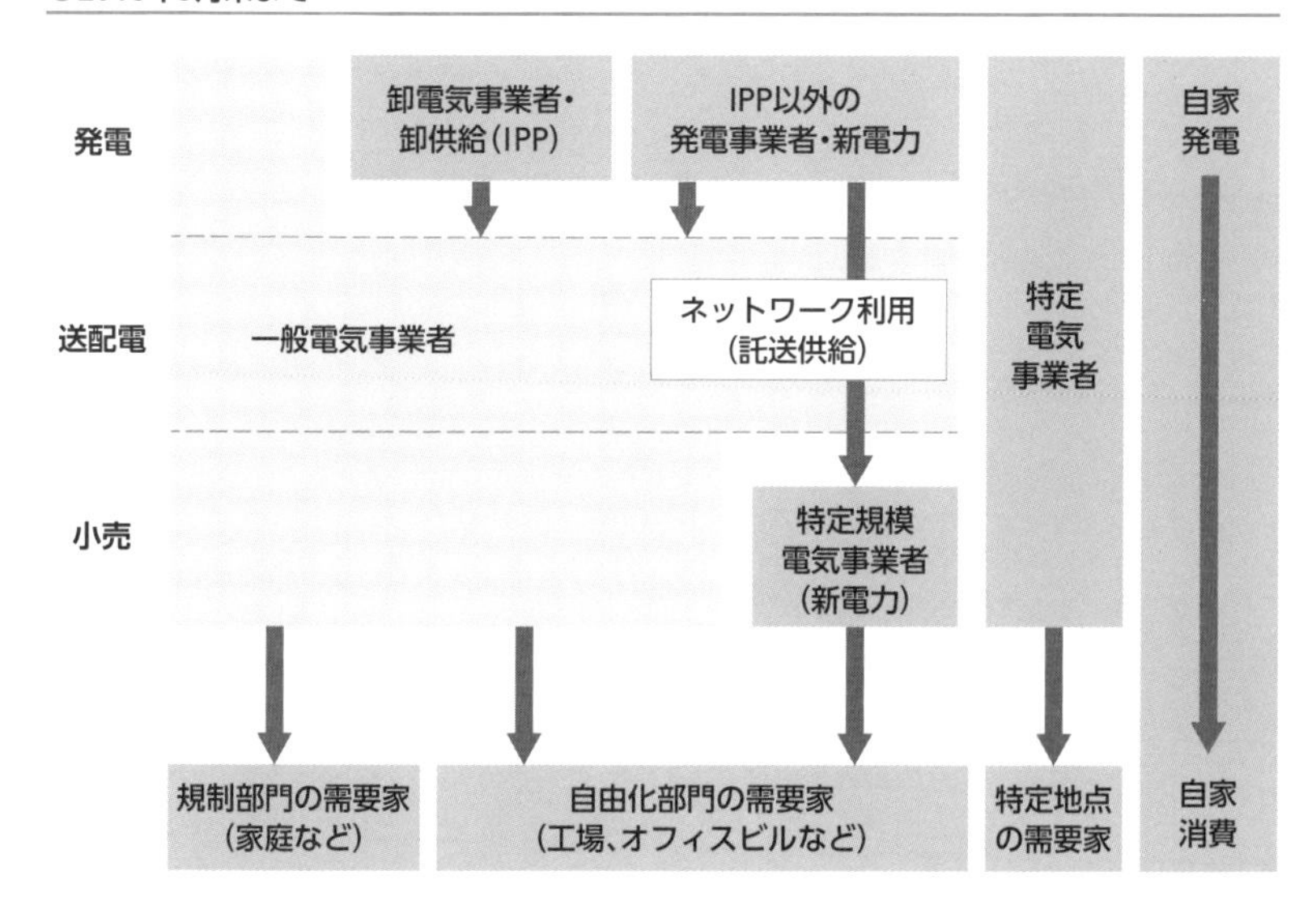

●電力小売全面自由化後(2016年4月〜)

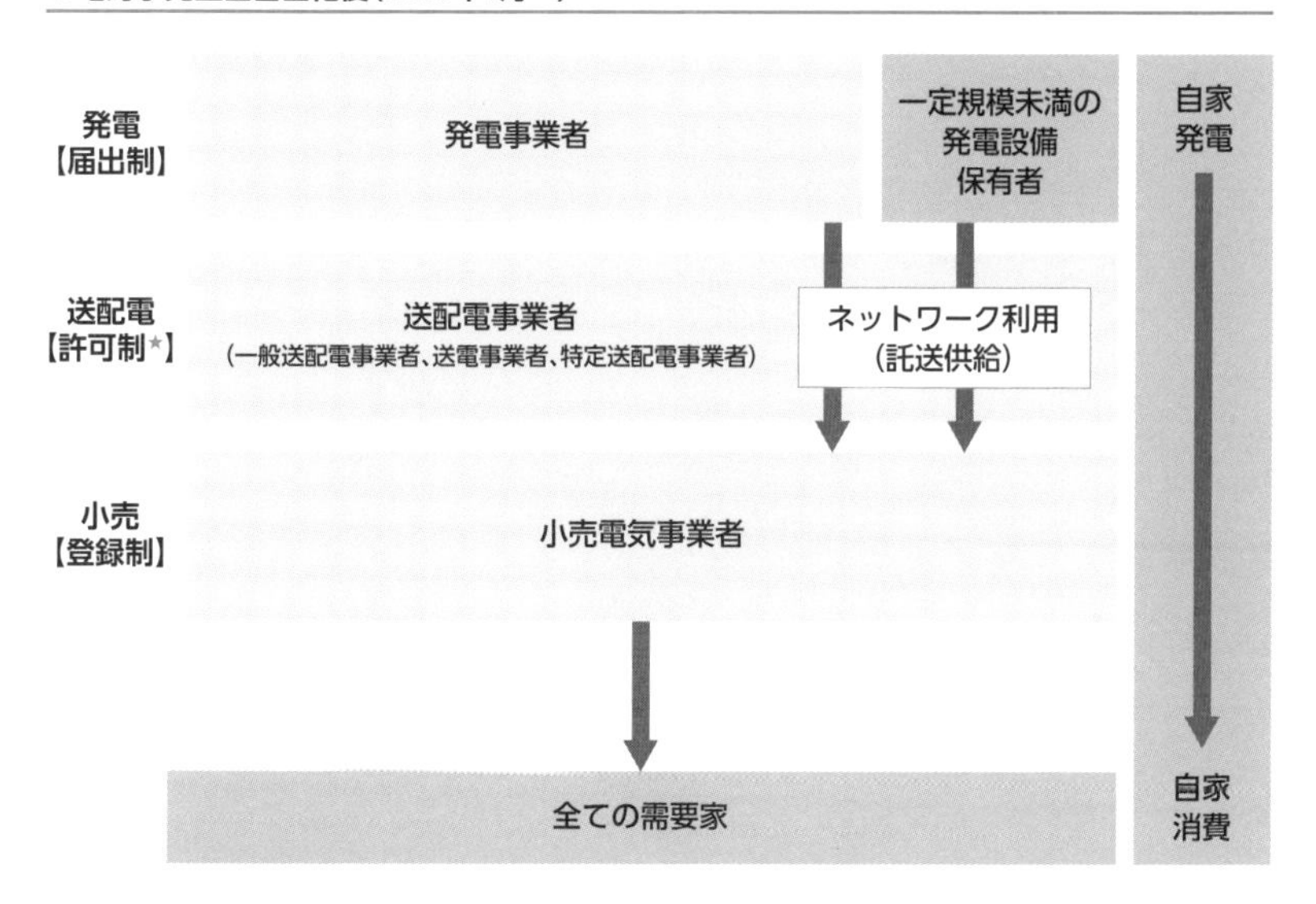

★ 特定送配電事業者は届出制

(出所) 経済産業省資源エネルギー庁総合資源エネルギー調査会基本政策分科会第2回制度設計WG資料

2-3

海外の電気事業

それぞれの地域にそれぞれの特徴

電力系統の基本となる考え方は万国共通です。しかし、電源ミックスや電力需要の特徴といった条件が地域ごとに異なるため、実際の電力系統の在り方は地域によって様々です。

日本の電力自由化は、欧米の制度や市場の仕組みを参考にして設計されました。本章では、欧米を中心とした各国の電力系統の特徴と、それらがどのように運営されているかを俯瞰していきましょう。

図2-7 ｜ 欧州の電力系統

（出所）ENTSO-E（欧州送電系統運用者ネットワーク）ホームページをもとに作成

メッシュ系統を構成、過去に大規模停電も

米国

エジソンが世界で初めての電気事業を立ち上げた米国。インサルの持株会社が支配する電気事業体制［2章-1参照］はルーズベルト大統領時代に終わりを迎えましたが、それ以降も民間電力会社、連邦営・州営の電力会社、地方の公益事業の担い手である公営団体などが入り乱れ、米国の電気事業を形作ってきました。現在では全米で3300超の電気事業者が存在しています。このうち民間が約200社で、全米の販売電力量の約6割を供給しています（2019年2月時点）。

米国の送電系統はカナダとの国際連系により、北米系統が形成されているのが特徴です 図2-8 。メッシュ状の系統が4つの同期系統3に分かれ、それらが直流連系4されています。

メッシュ系統は一部の送電線が停止しても潮流が迂回できる一方で、隣接系統から自系統に回り込んでくるため、潮流の管理が難しく、事故の影響を波及させやすい欠点があります［1章-3参照］。このため北米では大規模停電（ブラックアウト）が繰り返されてきました。

2003年8月にはオハイオ州の送電線が樹木に接触してショートしたことがきっかけで、ニューヨーク市を含む米国北東部とカナダの一部エリアで停電が発生。被害は過去世界最大規模となる約6180万kWに上りました。復旧には43時間を要し、5000万人が影響を受けました。この地域では1965年にも当時最大規模の停電が発生し、その対策として北米電力

図2-8 ｜ 米国の電力系統

電力系統の規模	▶ 4兆4134億kWh（2018年時点）
基幹送電系統	▶ 735kV、500kV、345kV など
家庭用	▶ 120／240V、60Hz

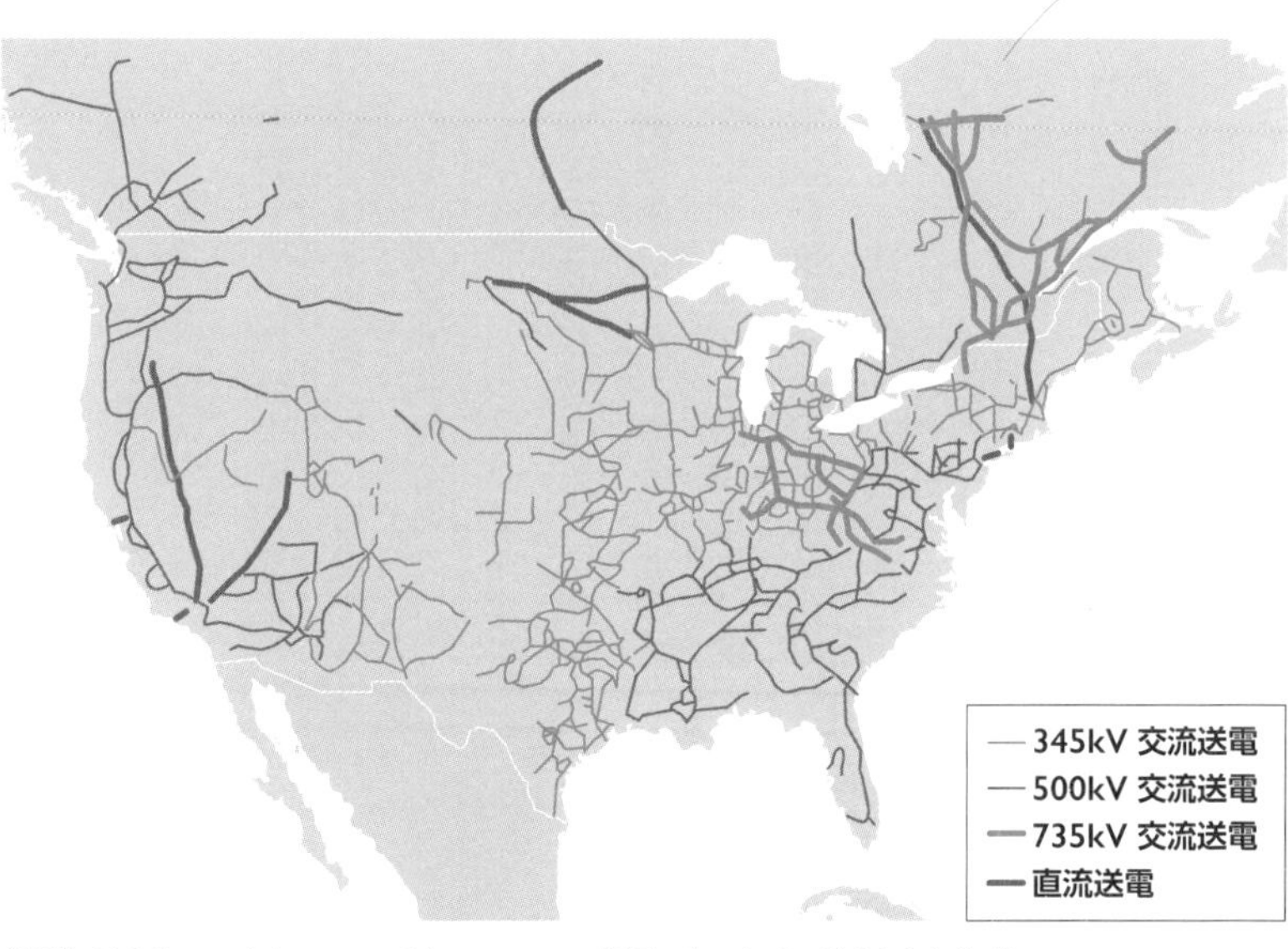

（出所）U.S. Energy Information Administration（EIA）ホームページをもとに作成

信頼度協議会（NERC）が組織されていました。しかし複雑なシステムを多数の事業者が管理する、構造的な課題が克服されたとは言い難い状況です。

●送電・配電で異なる規制

米国の電気事業体制の特徴は、送電と配電の規制当局が分かれていることです。連邦エネルギー規制委員会（FERC）が卸電力市場と送電を、州の公益事業委員会が小売電力市場と配電を規制しています。この背景として、1990年代の卸電力市場自

3　交流連系されていて同じ周波数となっている系統［1章－3参照］

4　非同期連系といわれることもあります

由化に伴い、ＦＥＲＣが広域系統運用機関（ＩＳＯ[5]／ＲＴＯ[6]）の設立を推奨したことが挙げられます 図2-10。

小売電力市場の自由化や競争導入は州単位で進められ、当初は最大24州及びワシントンD.C.で自由化実施に関する法律が成立したり、規則が制定されたりしました。しかしその後、２０００年から２００１年にかけてカリフォルニア州で電力危機が発生し、同州は２００１年９月に小売自由化をいったん中断。その結果、他にも自由化を取りやめる州が多く出ました。現在、小売全面自由化を実施しているのは13州及びワシントンD.C.です（２０１９年２月時点）。

5　Independent System Operator：独立系統運用者。電力会社が所有する送電系統を独立した第三者として運用する機関

6　Regional Transmission Organization：地域送電機関。広域的な送電系統を運用する機関としてＦＥＲＣが認定した機関

図2-9　米国の発電設備容量と電源構成

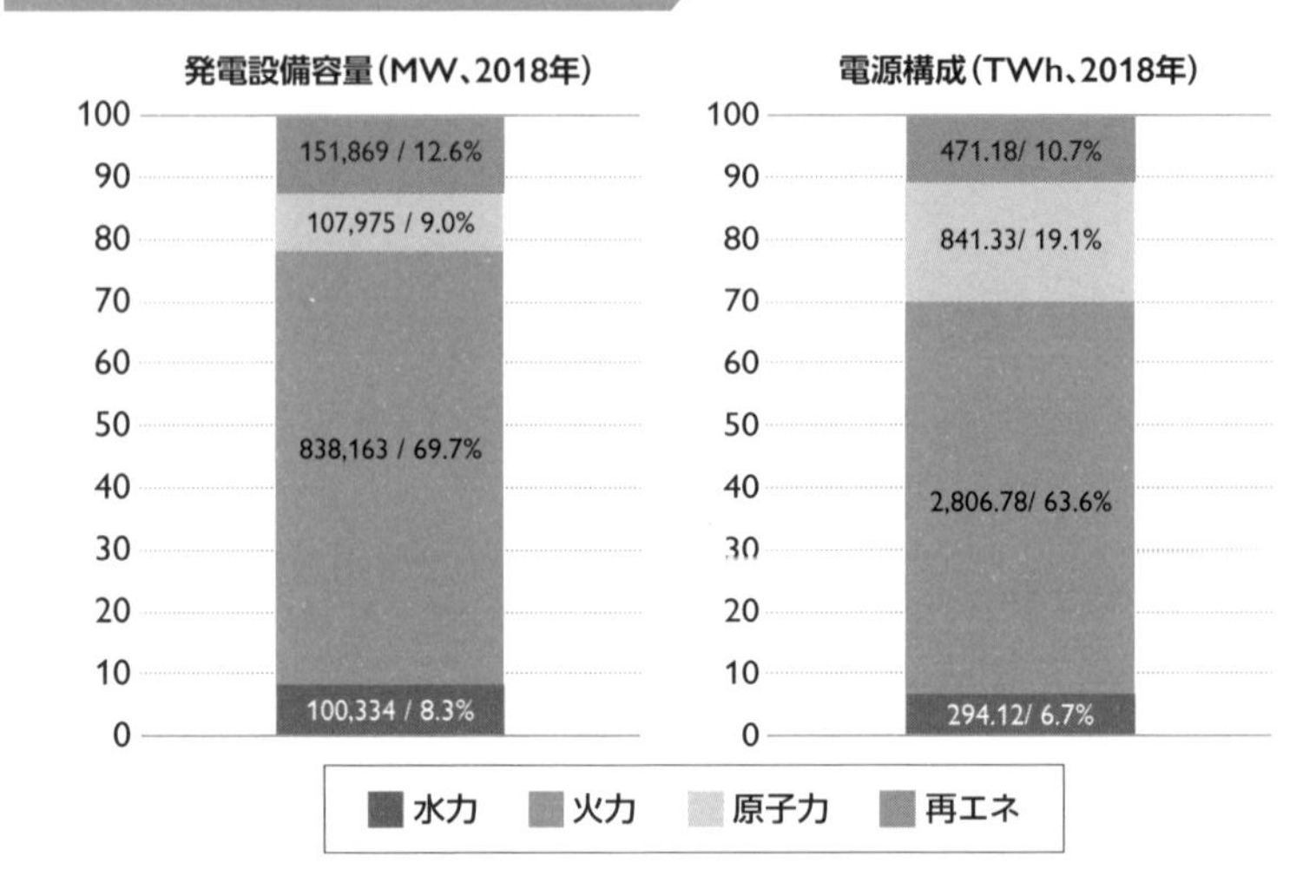

※ 四捨五入などの関係で構成比の合計は100%とならないことがある

（出所）発電設備容量：海外電力調査会『海外電気事業統計　2019年版』、電源構成：IEA World Energy Balances 2019 edition

図2-10 ISO／RTOを設置した地域と垂直統合体制を維持している地域

●広域系統運用機関（ISO ／ RTO）を設置している地域など

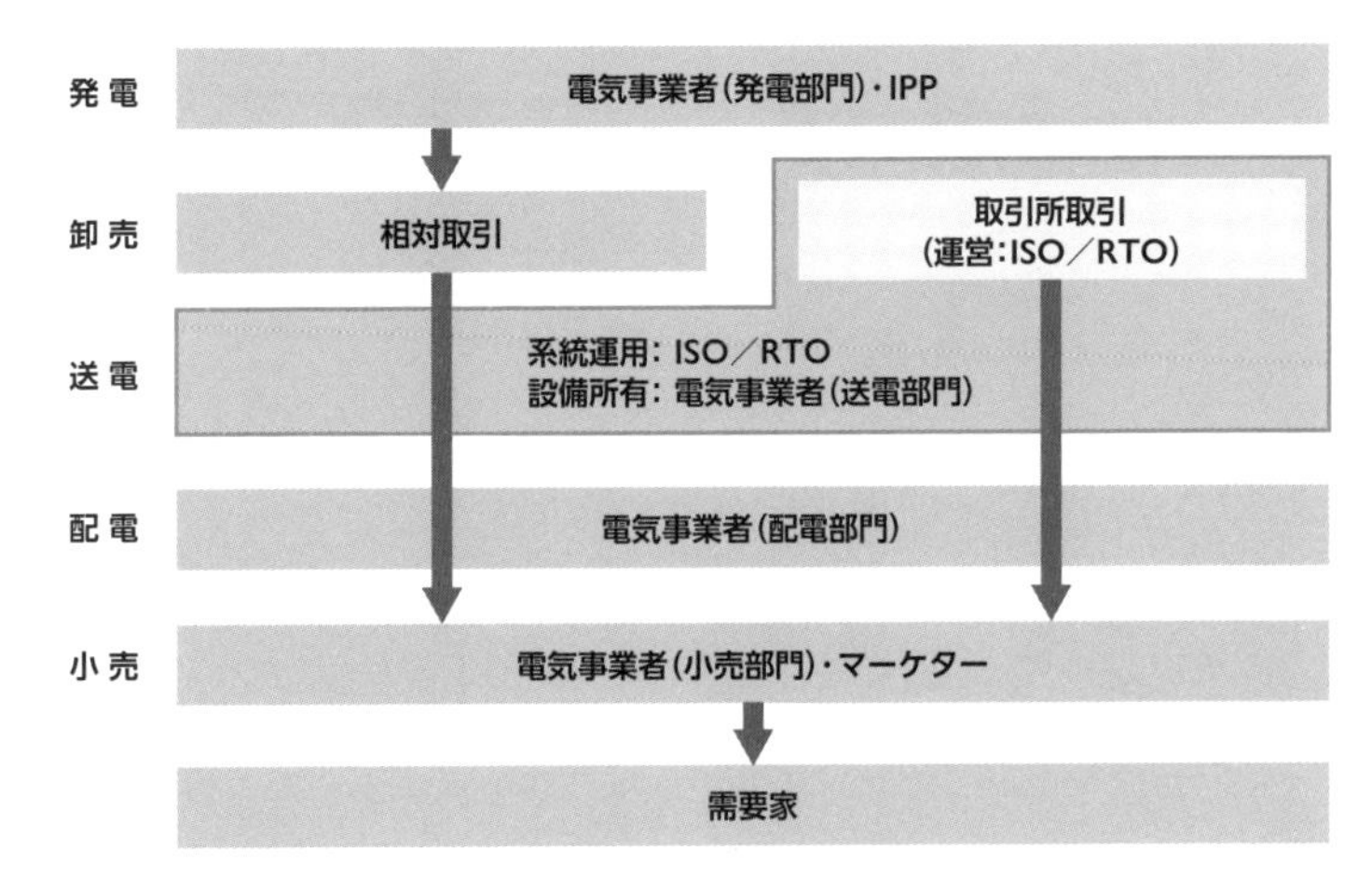

小売市場を全面自由化している13州（メイン、ニューハンプシャー、マサチューセッツ、ロードアイランド、コネチカット、ニューヨーク、ニュージャージー、ペンシルベニア、デラウェア、メリーランド、オハイオ、イリノイ、テキサス）およびワシントンD.C.など

●垂直統合を維持している地域など

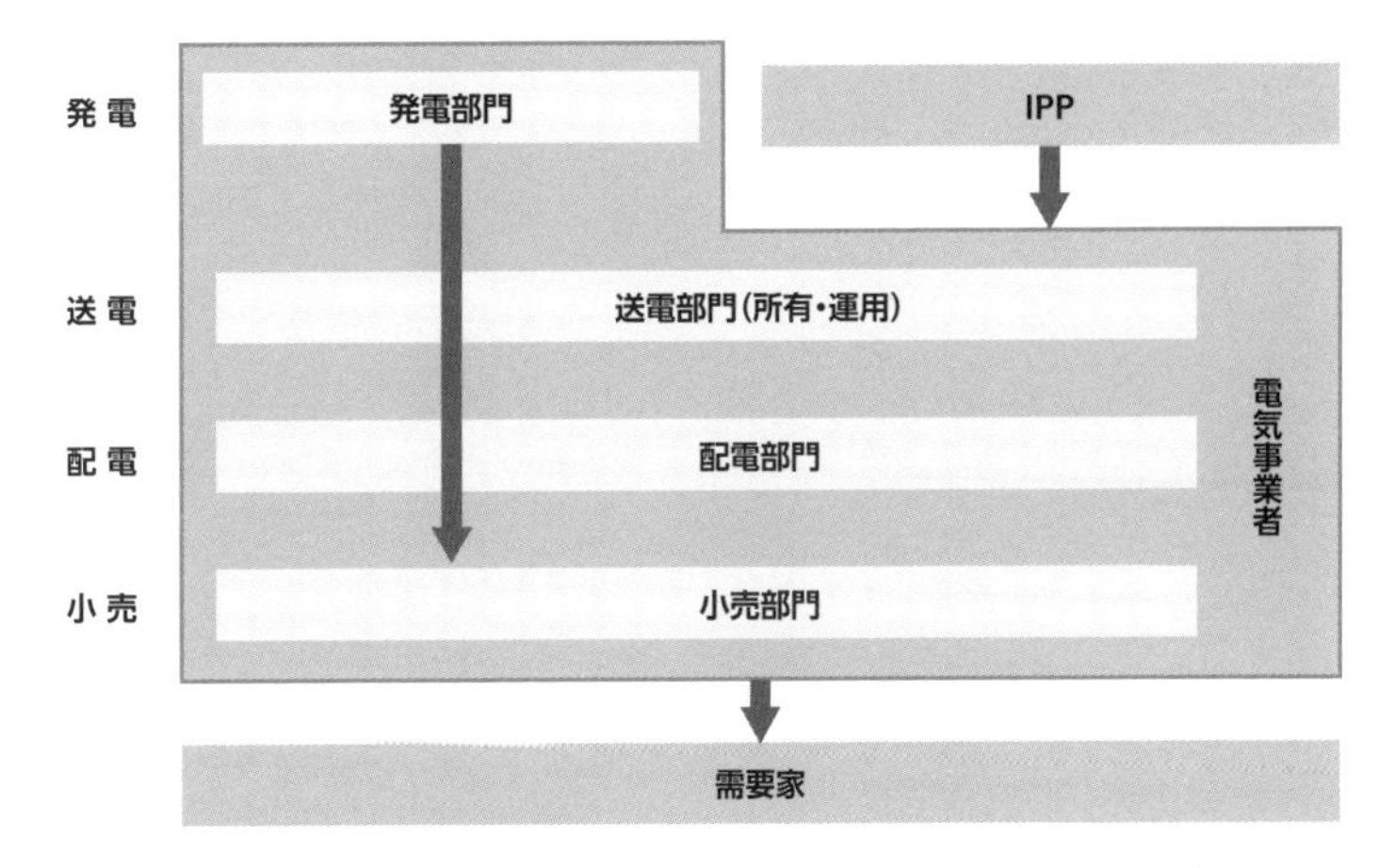

ハワイ州のハワイ電力、ワシントン州のピュージェット・サウンド・エナジー、フロリダ州のフロリダ・パワー＆ライト、ジョージア州のジョージア・パワーなど

（出所）海外電力調査会ホームページをもとに作成

テーマ解説 2

世界が注視する規制改革の先進地

英国

英国では電気事業の創生期、多くの事業者によって各都市の系統が断片的に発展し、相互につながらなかった経緯があります。このため1926年に国営の電力局（CEB）が設立され、交流50Hz・132kVによる全国レベルの送電線の建設が始まりました。その後の変遷を経て、1957年に発電・送電は国営の発送電局（CEGB）に、配電・小売は12の配電局に引き継がれていきました。

サッチャー首相時代の1990年には、国営企業の民営化の一環として、CEGBが発電会社3社と送電系統運用者（TSO[7]）に分割民営化されました。12の配電局も民営化され、配電ネットワーク運用者（DNO[8]）になりました。世界に先駆けて行われたこの発送電分離は、各国の電気事業に大きなインパクトを与えました。現在、英国の基幹系統はTSOのナショナル・グリッドが所有・運営[9]し、配電系統は14のDNOが所有しています。

●強制プール市場から自由取引市場へ

1990年の分割民営化にあたっては、ナショナル・グリッド社が運営する卸電力取引市場、いわゆるプール市場[10]を導入し、すべての電気の卸取引をここで行うことを義務付けました（強制プール）。従来CEGBが一元的に担っていた電源運用は、プール市場では発電事業者による価格入札[11]によって電源調達コストの最小化を図ります。いずれも系統運用者の

図2-11 ｜ 英国の電力系統

電力系統の規模	▶ **3314億kWh（2018年時点）**
基幹送電系統	▶ 400kV、275kV
配電系統	▶ **132kV以下**
家庭用	▶ 230／400V、50Hz

図2-12 ｜ 英国の発電設備容量と電源構成

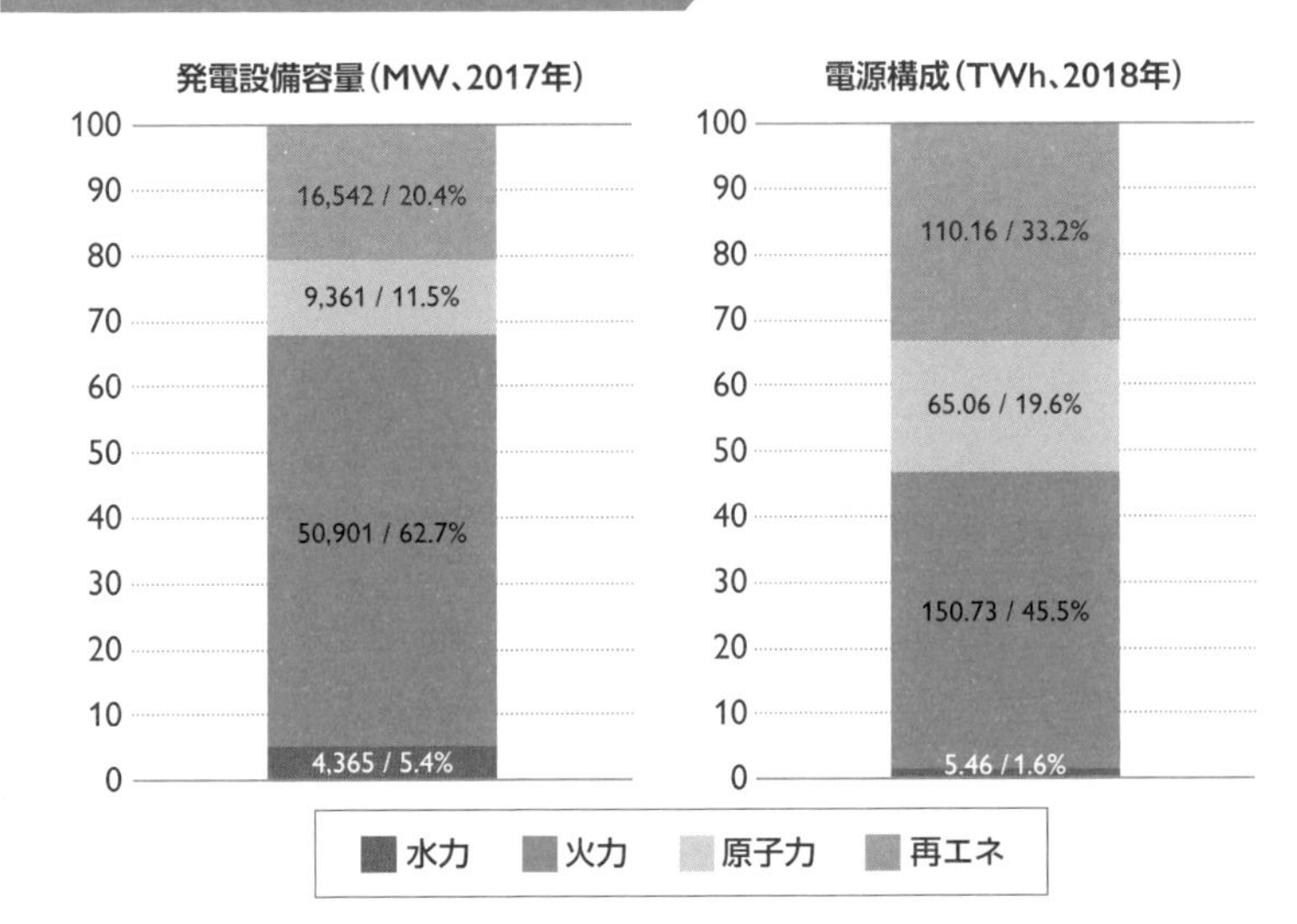

（出所）発電設備容量：海外電力調査会『海外電気事業統計　2019年版』、電源構成：IEA World Energy Balances 2019 edition

日々の需給運用自体はあまり変わらない一方、強制プールは取引の柔軟性を確保しにくいデメリットがありました。価格変動も大きく、市場参加者はリスクヘッジのためにプール市場の外で金融的な相対取引を行うようになり、さ

7　Transmission System Operator

8　Distribution Network Operator

9　北アイルランドの送電系統はNIE Networks社が所有していますが、北アイルランドも含めた英国全体の系統運用と需給運用はナショナル・グリッドが実施しています

10　プール市場とは、電力取引を単一の市場でマッチングさせることによって「パワープール」の需給をまとめてバランスさせる市場のことです

11　発電事業者は翌日の各時間帯に卸売する電気の価格（ポンド／ｋＷｈ）を入札します

らに取引価格が高止まりしたため、2001年にはついにプール市場廃止に至ります。そして自由な相対取引をベースにした新しい電力取引制度「NETA[12]」へと制度が変更されました。2005年にはこの仕組みにスコットランドを加えた「BETTA[13]」という制度になって、現在に至っています。

BETTAでは事業者間で分散的に行われる電力取引と系統全体の需給マッチングを両立させるため、実需給に先立ってそれぞれの事業者が自らの発電・需要計画を策定し、ナショナル・グリッドに提出することが求められています。計画と実績との差分を精算する仕組みです。さらに、ナショナル・グリッドは自ら市場で需給調整力を調達し、全体のズレを調整します。

●低炭素化へ

現在の英国の発電比率は図2-12の通りです。2008年制定の気候変動法によって、英国は二酸化炭素（CO_2）排出量を2050年までに80％削減（1990年比）することを法制化[14]しました。BETTAは電力市場への政府の介入を最小化するように設計されていますが、温暖化政策と整合の取れた電源開発を進める観点から、2011年に電力市場改革（EMR）が行われました。

具体的には再生可能エネルギーと原子力を対象とした固定価格買取制度（FIT-CfD[15]）が取り入れられました。また再エネ導入拡人による老朽火力発電所の廃止などによって将来の供給力不足が懸念されたことから、容量市場が設置されました。さらに、再エネ導入拡大に必要となる洋上風力送電や他国との国際連系線の建設・維持を競争的に進めるための入札制度[16]の整備や、先進的な託送料金制度「RIIO-2[17]」の導入を決定するなど、電力規制改革の先進地域としての英国の取り組みは常に注目を浴びています。

図2-13 | 強制プールからNETAへ

●全面プール市場モデル（2001年に廃止）

系統運用者が全面プール市場参加者の発電力を調整し需給バランスを確保

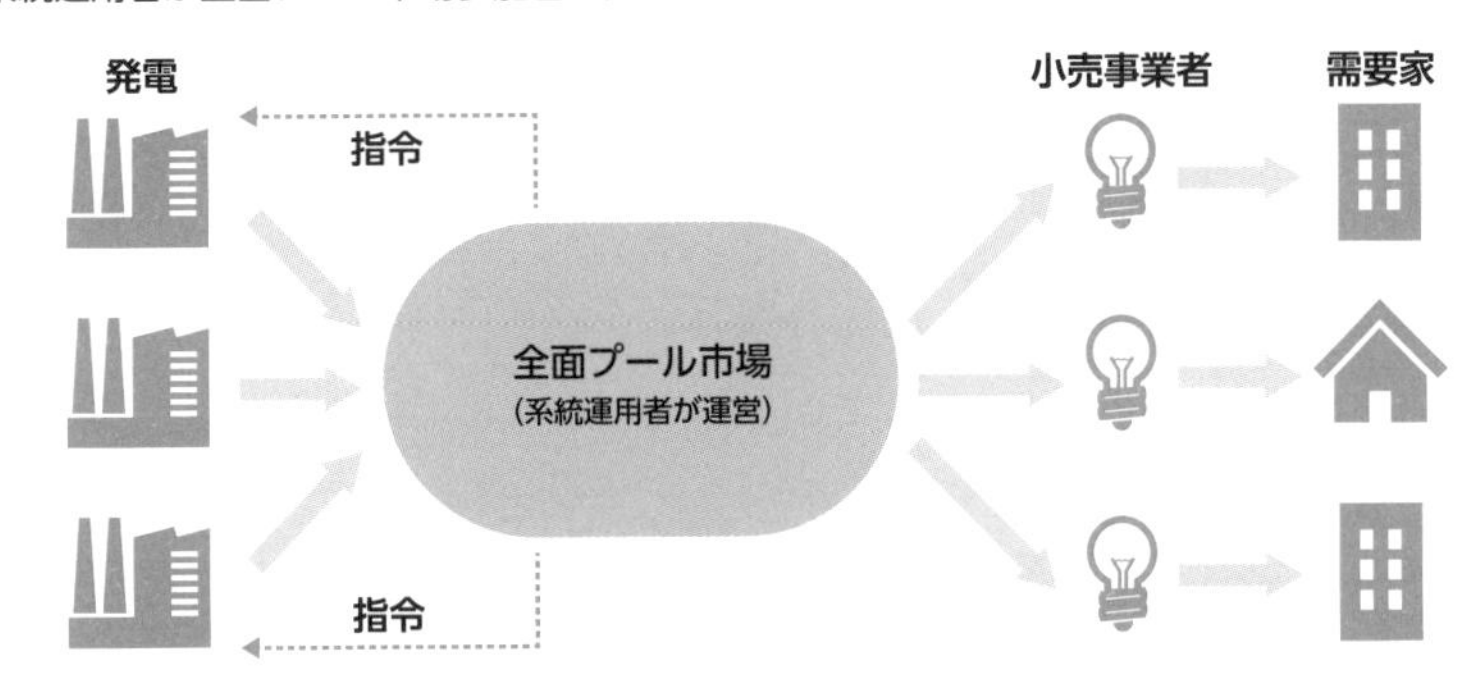

●英国（NETA）の電力取引市場の仕組み【TPAモデル】 ★ 2005年以降は「BETTA」に

・市場参加者が負荷追従を実施
・ナショナル・グリッドが自ら市場で調整力を調達

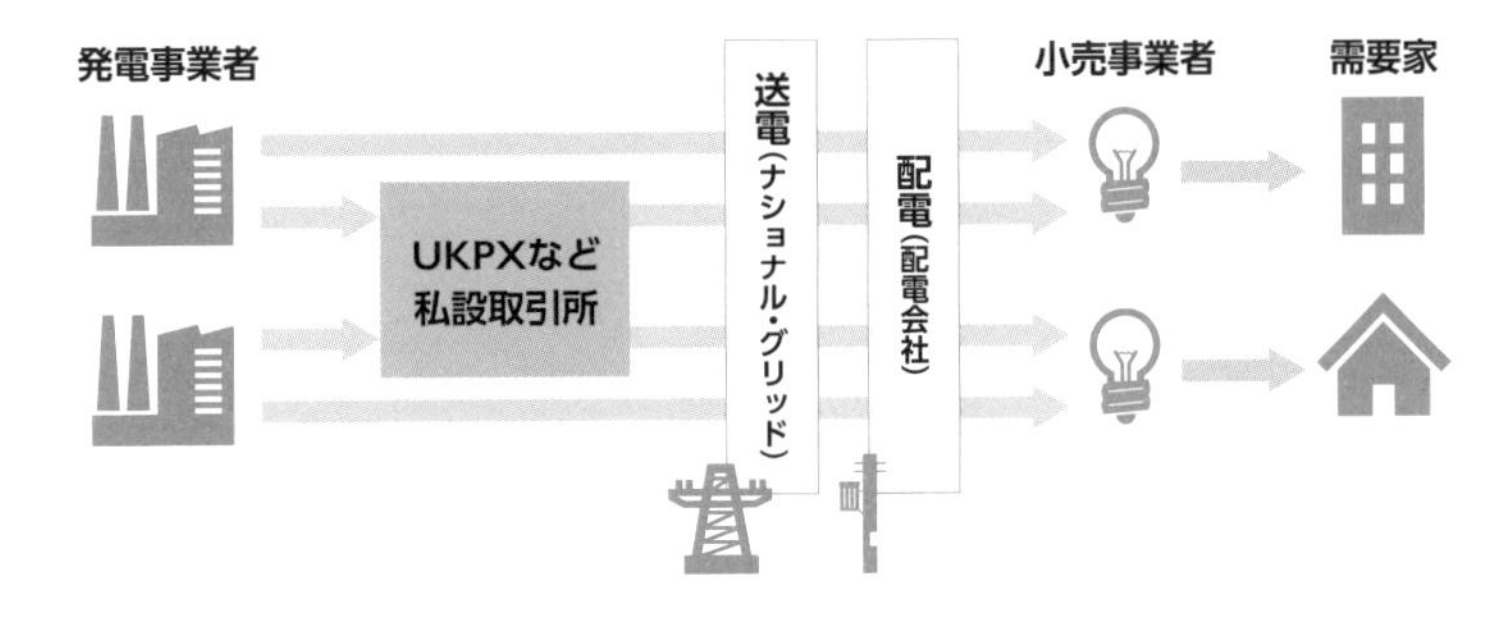

（出所）岡本浩・藤森礼一郎著『Dr.オカモトの系統ゼミナール』

12　New Electricity Trading Arrangements

13　British Electricity Trading and Transmission Arrangements

14　2019年6月には、温室効果ガス排出量を2050年までにネットゼロとすることを盛り込んだ改正気候変動法が可決・成立

15　Feed in Tariff-Contract for Difference：脱炭素電源からの購入価格を「行使価格」として固定し、卸価格に基づき算定される「指標価格」との差額を決済する仕組み。指標価格が行使価格を下回った場合は発電事業者に、上回った場合は政府設立の管理会社に差額が払い戻され、発電事業者が卸価格の変動リスクをヘッジできます

16　洋上風力送電についてはOFTO（Offshore Transmission Operator）、他国との国際連系線についてはCATO（Competitively Appointed Transmission Owner）という制度が導入されています

17　Revenue＝Incentives＋Innovation＋Outputs：規制事業である送配電事業者に対し、イノベーションの重視や効率的な事業経営を促す制度

先進市場「ノルドプール」を運用

北欧諸国

デンマーク、スウェーデン、ノルウェー、フィンランドの4カ国にはもともと国営電力会社がありましたが、発送電分離により発電・小売は自由化され、基幹送電設備（400kV、220kV）は国営の送配電会社[18]が所有・運営しています。これより低圧の配電系統は大手電力会社や地方自治体など多くの事業者が所有しています。

図2-15に示したのは各国の電源ミックスです。デンマークは火力と風力、ノルウェーは水力、スウェーデンは原子力と水力など、国によって主力電源が異なるため、各国を連系して電気を融通するメリットが大きいのです。例えば、渇水でノルウェーの水力発電の発電量が低下すれば、デンマークから電気を輸入して補うことができます。こうした国際協力の歴史は古く、アイスランドを加えた5カ国の電力会社で1963年にNordelという組織をつくり、電気を相互に融通してきました[19]。

さらに北欧4カ国では1996年から、「ノルドプール」という先進的な電力市場を運用してきました。先行していた英国の旧プール市場に比べ、任意参加型の前日スポット市場を中心に国際的な卸電力取引市場が初めて実現された点、国際連系線や国内基幹系統の混

18 デンマークのEnerginet、スウェーデンのSvenska Kraftnät、ノルウェーのStatnett、フィンランドのFingrid

19 Nordelは既に解散し、その機能は欧州送電系統運用者協議会（ENTSO-E：European Network of Transmission System Operators for Electricity）に引き継がれています

図2-14 ｜ 北欧諸国の電力系統

ノルドプールの取引量	▶ 4940億kWh（2019年） うち北欧・バルト諸国の前日市場は3815億kWh
平均価格	▶ 38.97ユーロ／MWh（北欧）

図2-15 ｜ 北欧諸国の発電設備容量と電源構成

発電設備容量
（MW、スウェーデンは2017年、デンマーク、ノルウェー、フィンランドは2016年）

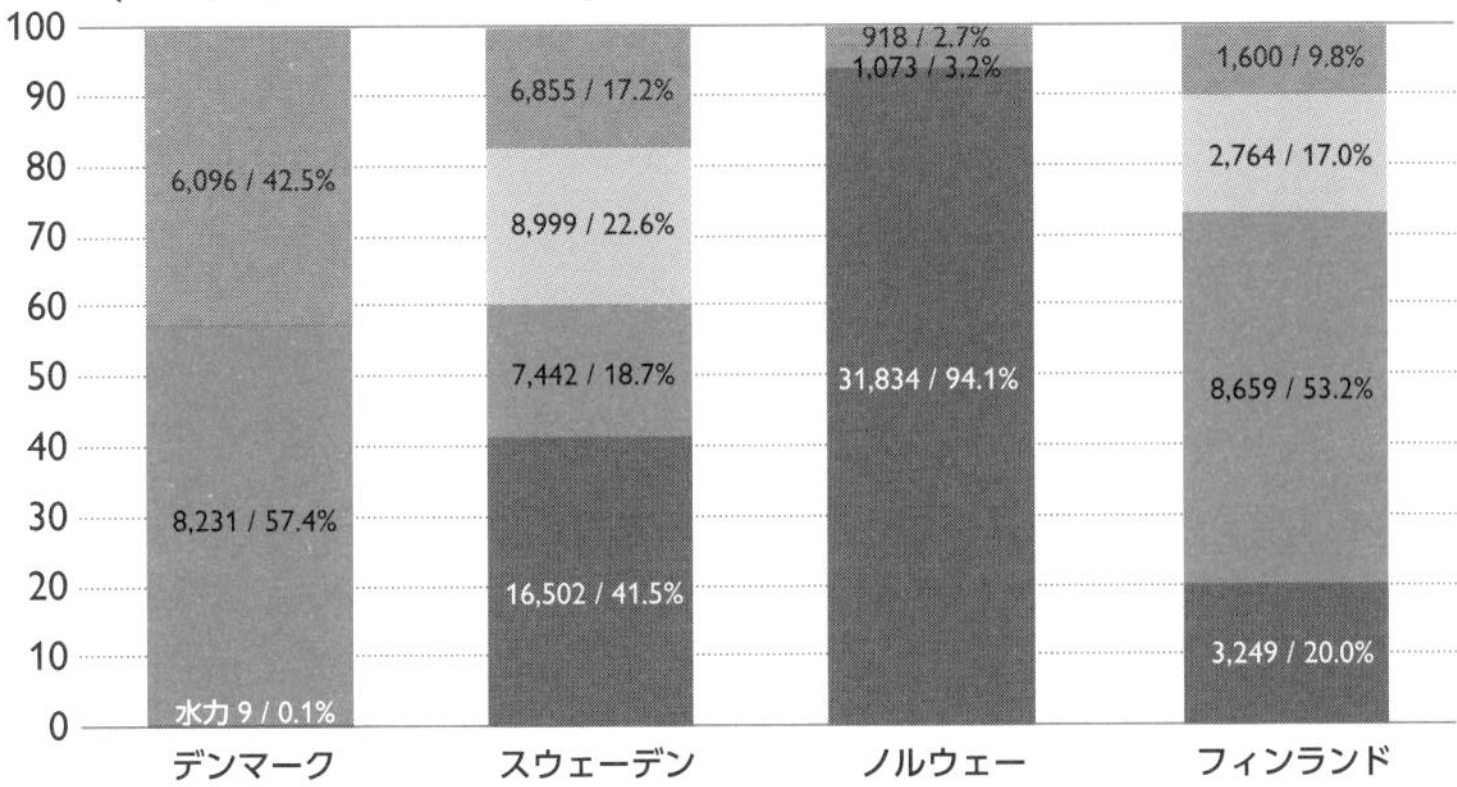

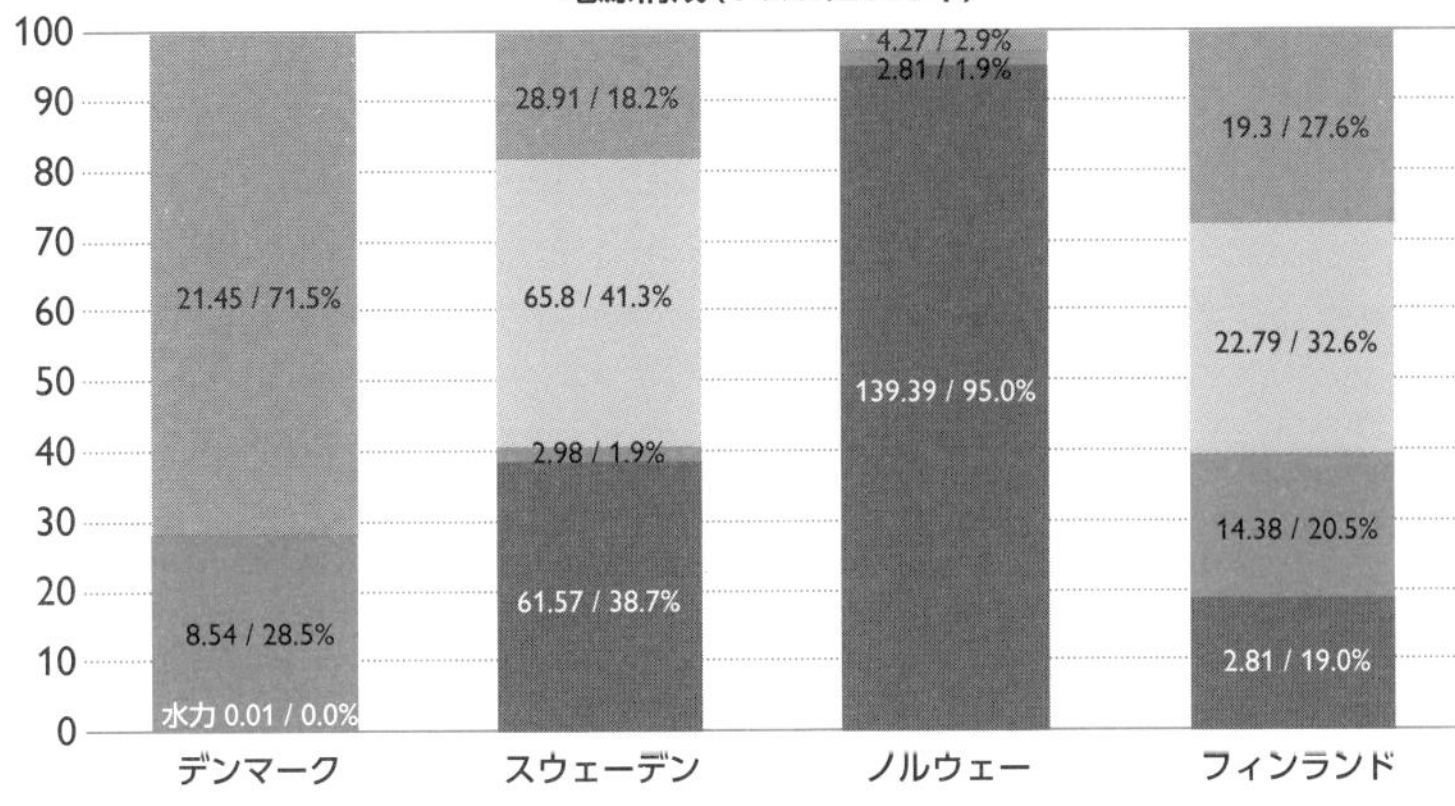

（出所）発電設備容量：海外電力調査会『海外電気事業統計　2019年版』、電源構成：IEA World Energy Balances 2019 edition

雑管理をスポット市場の市場メカニズムによって行う点に大きな特徴があります。

●系統の混雑管理に市場取引を導入

ノルドプールによる混雑管理の仕組みは「間接オークション」と呼ばれ、わが国の日本卸電力取引所（JEPX）でも同じ仕組みが取り入れられています。簡単にその原理を紹介しておきましょう。

ノルドプールの前日スポット市場では、発電側・小売側が翌日売買する電気（kWh）を入札します。この時、需要と供給がバランスするところで取引が成立します。入札曲線の交点で落札価格を決定し、落札価格以下で売り入札をした発電事業者と、落札価格以上で買い入札をした小売事業者が落札します。

ところが、実際の送電系統には送電容量の制約があり、これらすべてを落札させると送電容量をオーバーしてしまう場合があります。この時、容量をオーバーする送電ルートのところでエリア全体を分け、発電過多のエリアでは落札価格を下げ、需要過多のエリアでは落札価格を上げることで送電容量の範囲で取引が収まるように価格を調整します。このように、市場メカニズムに基づいて送電容量への電力取引の割り当てを行う方法が間接オークションです。欧州では標準的な混雑管理方法となっています。

再エネ導入も、系統構成に課題

ドイツ

1990年の東西ドイツ再統一後、ドイツ国内には垂直統合体制の八大電力会社ができました。1998年以降の電力小売全面自由化によって競争が激化すると電力会社同士の合併・提携が盛んに行われ、八大電力会社はE.ON、RWE、EnBW、Vattenfall（スウェーデンのヴァッテンファルの子会社）の四大電力グループに再編されていきました。なかでもE.ON、RWEは欧州を代表する大手総合エネルギー企業になりました。四大グループのうちEnBWを除く各社は、欧州委員会からの圧力や債務削減などのため、送電子会社の株式を一部または全部売却しました。これにより、EUが義務付けた送配電事業の法的分離を超え、結果的に「所有分離」も行われた形です。現在、基幹系統は4つの送電系統運用者（TSO）が、配電系統は配電ネットワーク運用者（DSO[20]）が運用しています。

系統の状況を見ると、旧東ドイツ地域を中心に再生可能エネルギーの導入が急速に進み、近年の洋上風力推進も相まって、電源の立地箇所に偏りが生じています。国内を北から南に流れる潮流が大きくなり、送電容量が不足しつつあるのです。このためドイツ政府は南北を結ぶ送電系統の増強を計画していますが、多くのルートで立地地域の合意を得られておらず、建設は遅々として進んでいません。

欧州の電力系統がメッシュ状に連系されていること

によるメリットとデメリットもあります。例えばドイツ北部の風力発電から南部の需要地に送電する場合、隣接するベルギーやポーランドの送電系統にもその電気が流れ込み、予期せぬ「混雑」を引き起こすことがあります。このため欧州では、複数の送電系統運用者が広域的な発電・需要と送電系統のデータを交換して電気の流れを監視・管理する仕組みの導入が進められています。

●エネルギー転換を推進

エネルギー政策の面ではドイツ政府はEnergywende（エネルギー転換）を掲げ、原子力・石炭火力への依存をやめ、再エネへの転換を進めています。温室効果ガス排出が比較的多い石炭・褐炭が依然として約38％を占めてはいますが、水力を含めた再エネによる発電電力量も約37％に達しています図2-17。

さらにドイツ政府は2050年までにCO_2排出量を80～95％削減[21]（1990年比）することを目指し、発電（電力セクター）の脱炭素化に加えて、運輸セクターと熱セクターの電化を進めています。運輸と熱の両セクターで用いている化石燃料を電気に置き換え、その電気を再エネで賄うことで、最終エネルギー消費段階での大幅な省エネルギーと脱炭素化を両立するのが狙いです。ドイツではこれらをPower-to-Heatと呼び、Power-to-Transport、Power-to-X戦略[22]と総称しています。この戦略は、先進的な取り組みとしてエネルギー転換の中心的な考え方になっています。

20 Distribution System Operator

21 ２０１６年に閣議決定し、２０１９年に見直したClimate Action Plan 2050において掲げた目標。中間目標として、２０３０年までにCO_2排出量を１９９０年比で55％削減

22 電力セクター、運輸セクター、熱セクターなどのセクターをまたぐ取り組みとなるため、セクターカップリングとも呼ばれています

図2-16 ドイツの電力系統

電力系統の規模	▶ 6437億kWh（2018年時点）
基幹送電系統	▶ 380kV、220kV
配電系統	▶ 130kV以下
家庭用	▶ 230V、230／400V、50Hz

図2-17 ドイツの発電設備容量と電源構成

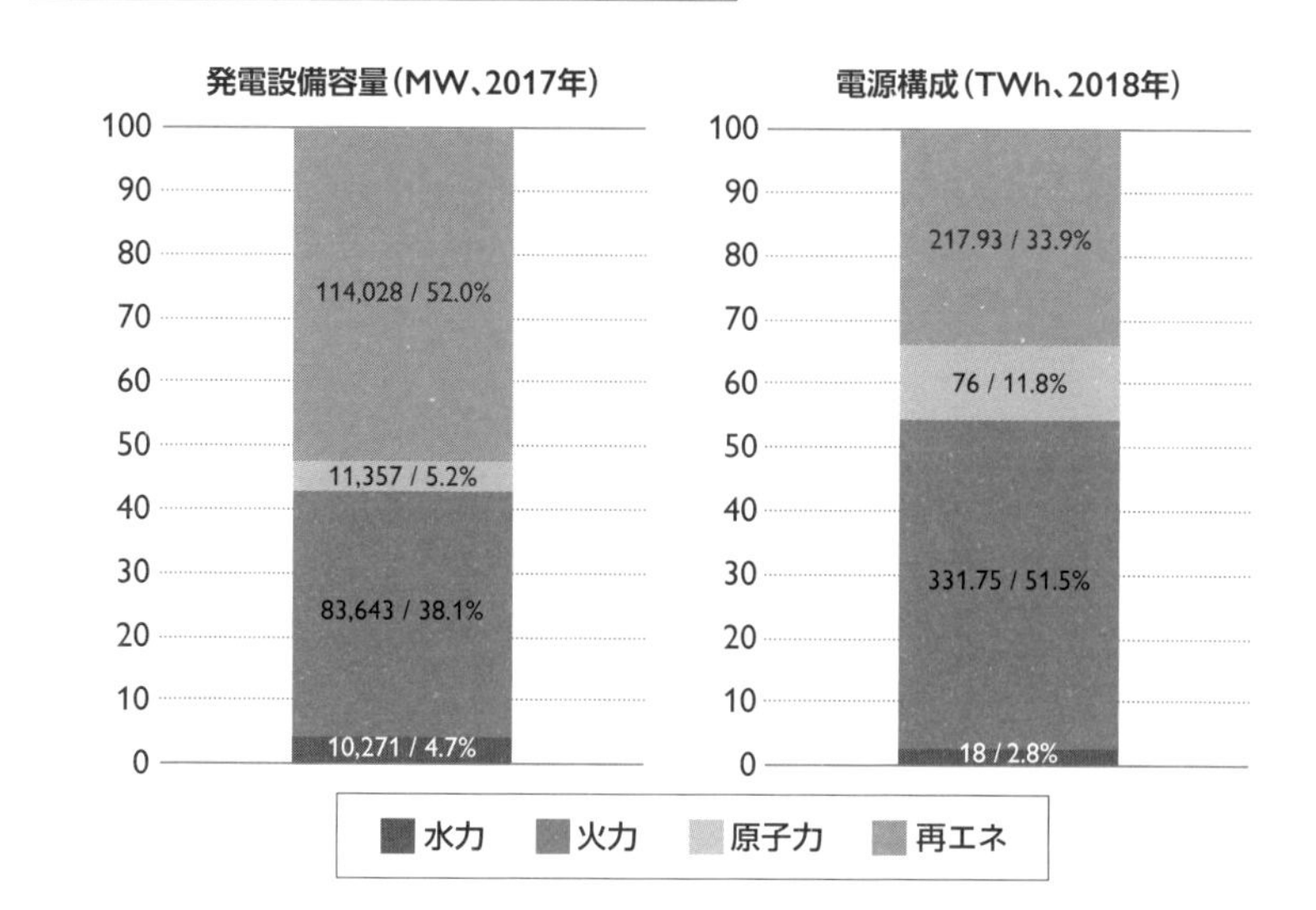

（出所）発電設備容量：海外電力調査会『海外電気事業統計　2019年版』、電源構成：IEA World Energy Balances 2019 edition

原子力大国、EdF子会社が送配電担う

フランス

フランスの電気事業はEdF[23]が担っていましたが、欧州で電力自由化が進められた結果、子会社のRTEが送電系統を、Enedisが配電系統を担っています。現在、RTEは株式の50・1%をEdFに保有されていますが、意思決定の独立性を担保するための要件を満たした上で規制機関からITO（独立送電系統所有者）として認定されています。EdFは、中国国家電網公司（SGCC）に抜かれるまで、規模としては世界最大の電力会社でしたが、欧州の電力会社が合併・買収などの再編を繰り広げる中で現在の株式時価総額はイタリア・Enelの半分以下となっています。

国内では原子力発電所が内陸部の需要地近くに立地し、潮流の偏りは大きくありません。隣接するスペイン、スイス、ドイツ、ベルギー、イタリアと国際連系しており、英国とも直流海底ケーブルを介して連系しています。

フランスは石油・ガス資源が乏しく輸入石油に依存していましたが、1970年代の石油危機を契機に「国内資源の開発」「省エネルギーの促進」「供給源の多角化」を柱とするエネルギー政策を推進しました。その中核が原子力開発です。現在、発電電力量に占める原子力の割合は7割を超え、エネルギー自給率は50%以上に達しました。近年は再生可能エネルギーにも力を入れ、最終エネルギー消費に占める再エネ比率を2020年に23%、2030年に32%（発電電力量ベースで40%）に引き上げ、原子力発電比率（発電電力量ベー

図2-18 | フランスの電力系統

電力系統の規模	▶ 5757億kWh（2018年時点）
基幹送電系統	▶ 380kV、225kV
配電系統	▶ 132kV、22kV
家庭用	▶ 230V、230／400V、50Hz

図2-19 | フランスの発電設備容量と電源構成

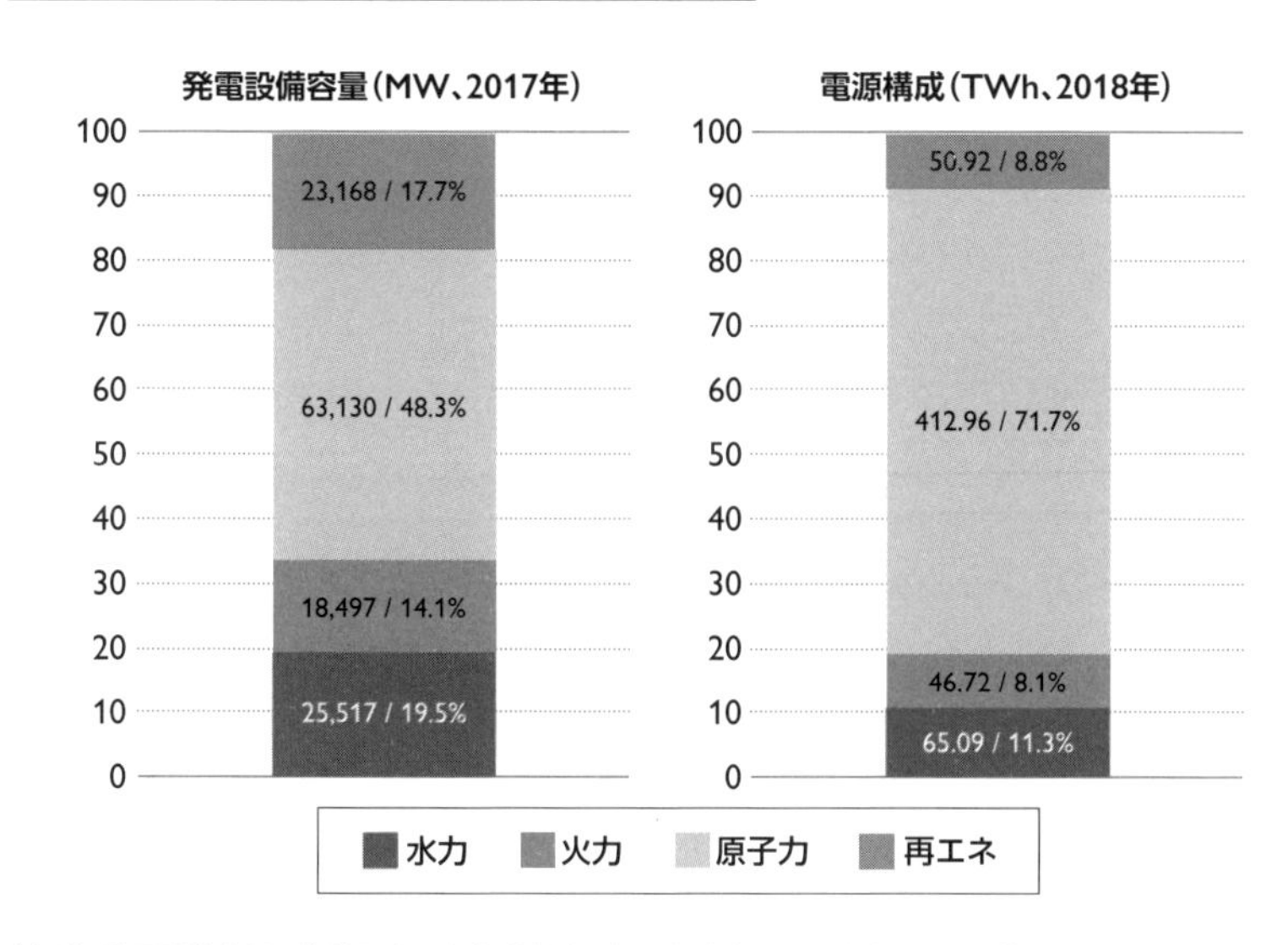

（出所）発電設備容量：海外電力調査会『海外電気事業統計　2019年版』、電源構成：IEA World Energy Balances 2019 edition

ス）を２０２５年までに50％に低減する目標を掲げています。

23 旧フランス電力公社、現フランス電力

大停電機に送電系統の所有・運用を一体化

イタリア

水力以外は国内のエネルギー資源に乏しいイタリアは、火力燃料をはじめエネルギーの約8割を輸入に依存しています。エネルギーセキュリティ確保の観点から原子力発電も導入しましたが、2度の国民投票を経て原子力開発をやめ、近年は再生可能エネルギーに注力しつつあります。系統は南北に細長く、隣接する6カ国[24]と国際連系し、多くの電力を輸入しているのも特徴です。

2003年には全土に及ぶ大規模停電を経験しました。まずスイスとの国際連系線で事故が発生し、他の国際連系線が重潮流となることで次々に遮断され、欧州系統からイタリアの系統が切り離されました。こうして国外からの電力が失われ、さらに国内の系統で需給バランスが崩れ、ブラックアウトに至りました。

イタリアでは従来、国営電力会社であったEnelが垂直一貫体制で電気事業を進めてきました。欧州諸国で進められた電気事業の民営化・小売自由化に伴い、Enelも発電、送電、配電・小売事業などを傘下に収める民営の持株会社となり[25]、基幹系統の運用は国営の独立系統運用機関が担う体制となりました。しかし2003年の大停電後、送電業務を円滑・安全に進めるには設備の所有と運用の一体化が不可欠であるとされ、2005年からはEnel傘下の送電資産管理子会社Ternaが設備の所有・管理と合わせて運用も行う送電系統運用者（TSO）となりました。2012年にはEnelがTernaの全株式を売却し、資本関係を解消して

図2-20 | イタリアの電力系統

電力系統の規模	▶ 2889億kWh（2018年時点）
基幹送電系統	▶ 380kV、220kV
配電系統	▶ 132kV、22kV
家庭用	▶ 230V、230／400V、50Hz

図2-21 | イタリアの発電設備容量と電源構成

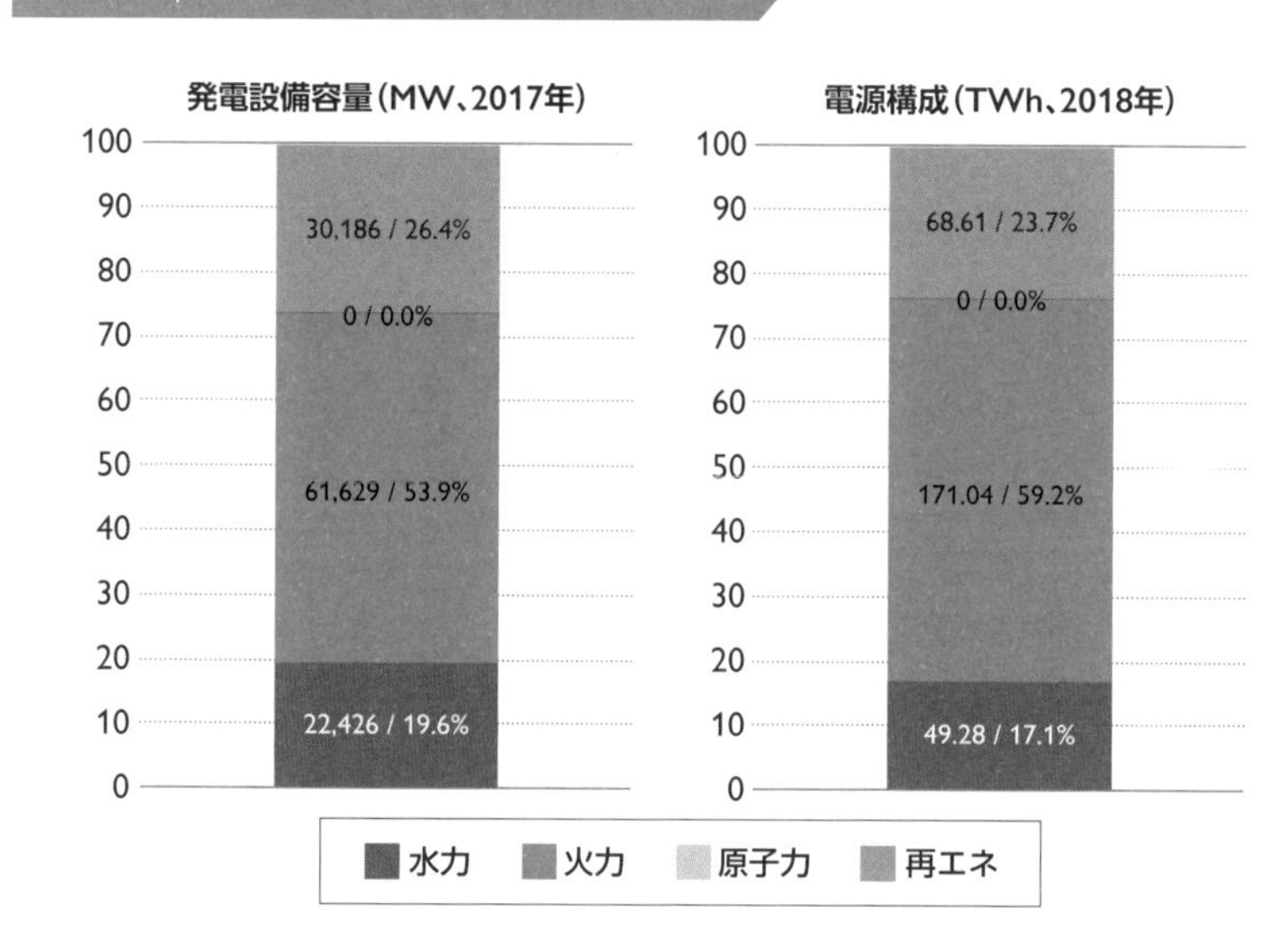

（出所）発電設備容量：海外電力調査会『海外電気事業統計　2019年版』、電源構成：IEA World Energy Balances 2019 edition

います。

現在も132kV以下の配電系統はEnelが所有・運用しています。Enelは配電・小売事業に加え、積極的に再エネ事業や海外事業を展開し、2020年時点では企業価値や株式時価総額といった尺度で見ると欧州において最も成功した電力会社となりました。

24　国境を接しているオーストリア、スイス、フランスおよびアドリア海をはさんだクロアチア、モンテネグロ、ギリシャと国際連系しています

25　多くの火力発電所を他社に売却したため、発電事業に占めるEnelのシェアは30％まで低下しています

系統技術で世界をリード

中国

中国政府は第10次5カ年計画（2001〜2005年）において、いわゆる「西電東送」構想を打ち出しました。経済発展の著しい沿岸部の電力需要増加を賄うために、内陸部（西部）に立地する石炭火力・水力（最近では風力などの再エネ）で発電した電力を沿岸部（東部）まで送る大容量の送電系統を建設するという構想です。この構想に基づいて、中国国内の送配電および小売を担う世界最大の電力会社である中国国家電網公司（SGCC）は、日本や欧州からUHV[26]送電技術を導入して、UHV交流1000kV、UHV直流プラスマイナス1100／800kVの送電線建設を推進してきました。UHVの技術はもともと欧米・旧

26 Ultra High Voltage：超高圧

2010年に国内総生産（GDP）で日本を追い越し、米国に次ぐ世界第2位の経済大国となった中国。1990年代末には日本と同等だった電力需要も、2010年以降は米国を抜いて世界最大規模となりました。

発電設備容量のおよそ6割を火力発電が占め、そのほとんどが石炭火力です。大気汚染が深刻化したため、政府はエネルギーのクリーン化に力を入れており、水力を含む再生可能エネルギーと原子力による発電の拡大に向け、世界最大規模の投資を行っています。このうち原子力発電の建設は沿岸部を中心に行われていますが、水力や再エネは主に沿岸部から遠く離れた内陸部で開発されています。

図2-22 | 中国の電力系統

電力系統の規模	▶ 7兆2184億kWh（2018年時点）
基幹送電系統	▶ 交流1000kV、直流1100／800kV
配電系統	▶ 110kV、66kV、35kV
家庭用	▶ 220V、50Hz

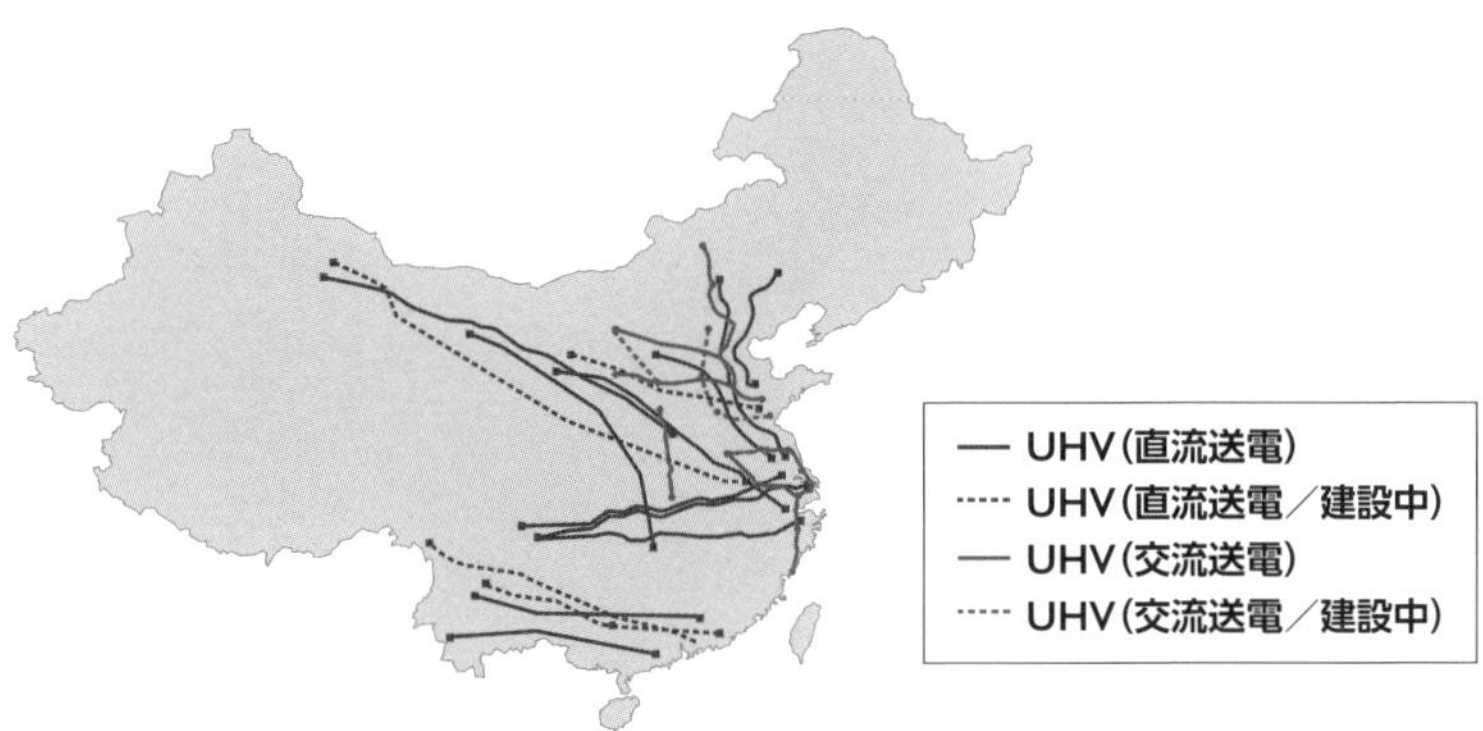

（出所）Global Energy Interconnection Development and Cooperation Organization（GEIDCO）ホームページより

図2-23 | 中国の発電設備容量と電源構成

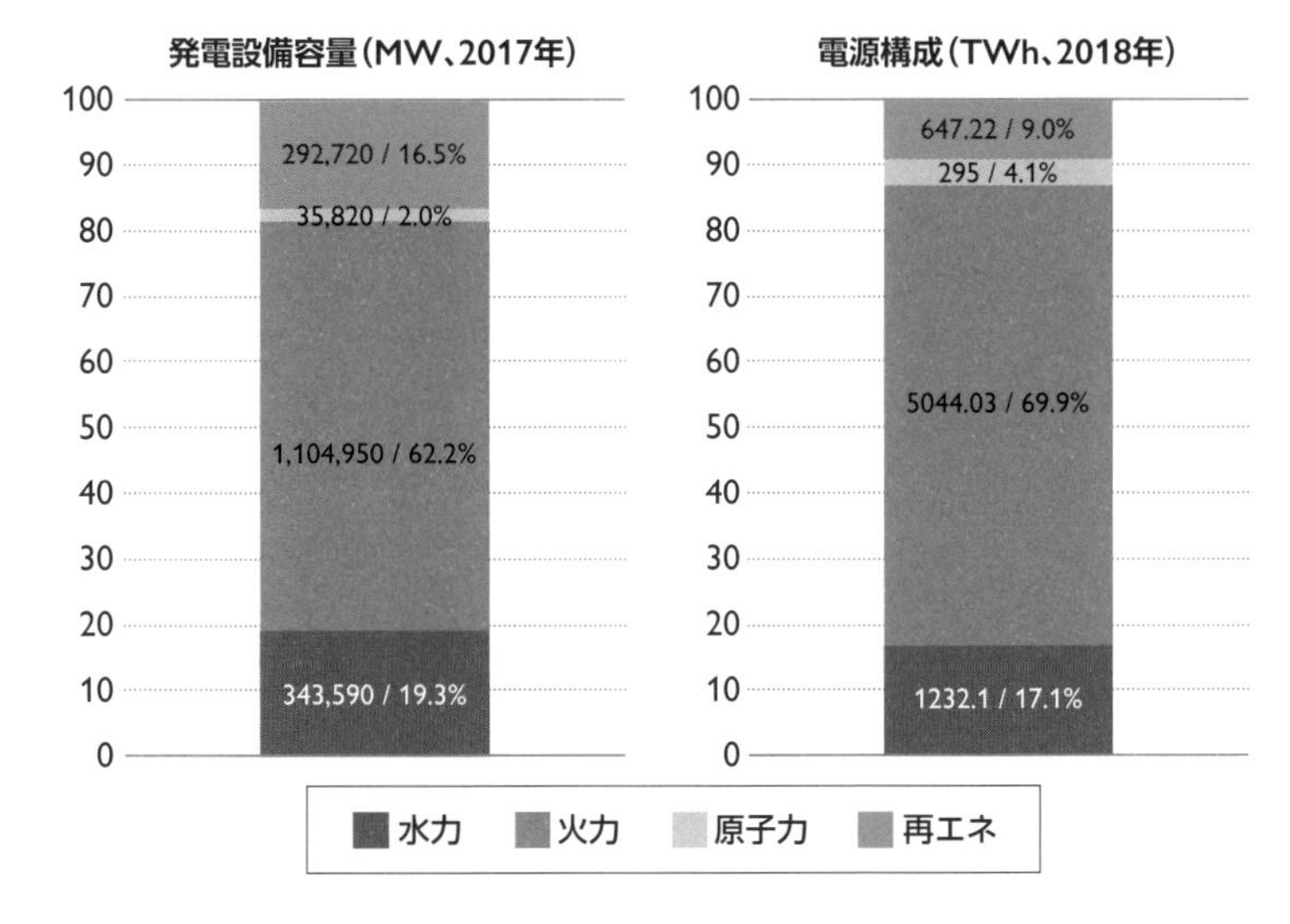

（出所）発電設備容量：海外電力調査会『海外電気事業統計　2019年版』、電源構成：IEA Data and statistics

図2-24 | GEI構想

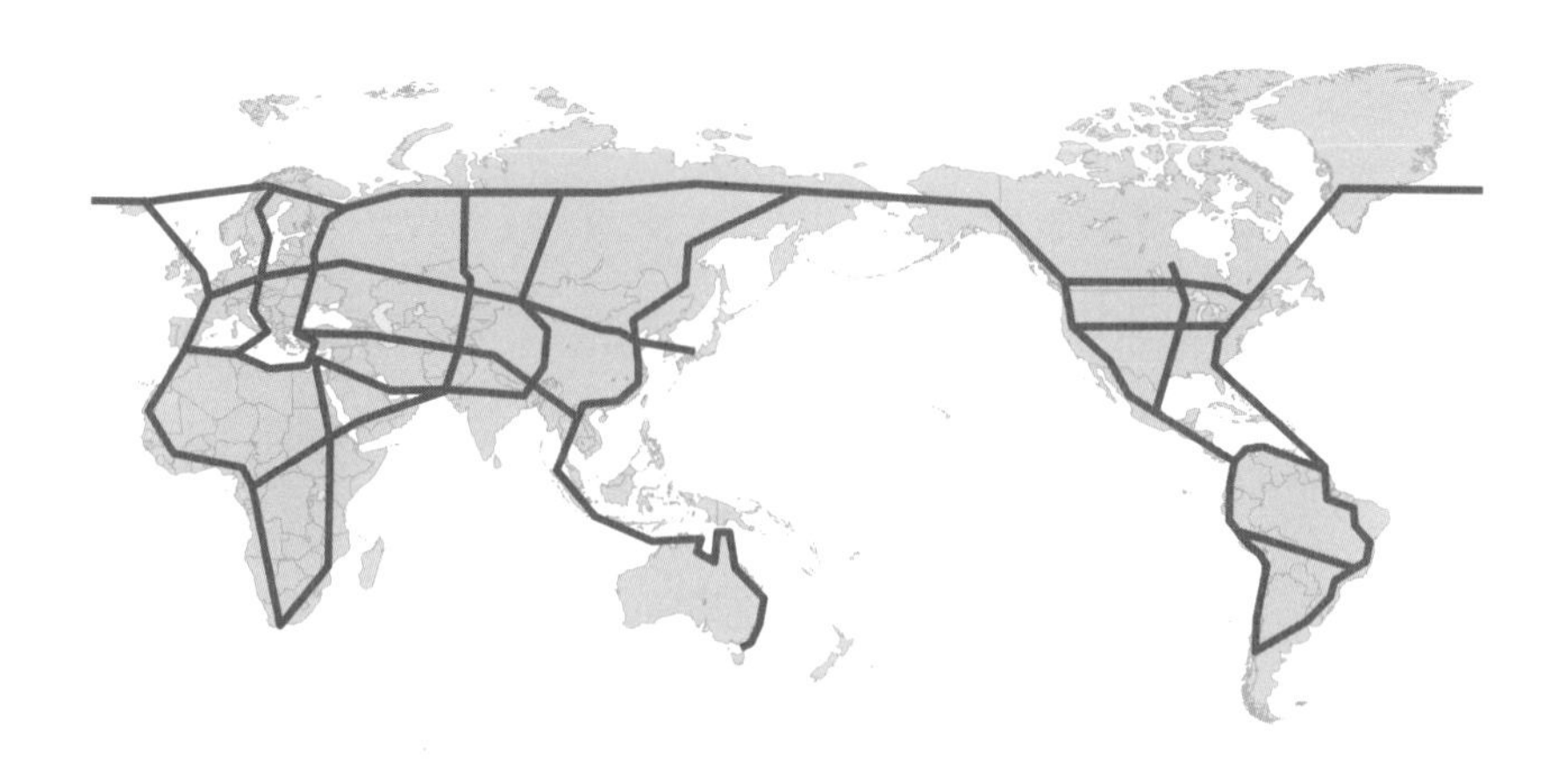

(出所)Global Energy Interconnection Development and Cooperation Organization(GEIDCO)ホームページより

ソ連や日本で開発されたものですが、これらの国々では電力需要の伸びが鈍化したために、実際にUHVという高い電圧で大容量送電を行っているのは世界で中国のみとなっています[27]。

さらにSGCCは、UHV交流・直流技術を活用して、アジア・欧州・アフリカなどの電力系統を国際連系するプロジェクトGEI構想[28](図2-24)を提唱し、世界の電力関係者の耳目を集めています。これはいわば電力版の一帯一路構想ともいえる内容です。電気自動車(EV)の普及促進(中国は世界でも最もEVが普及した国となっています)や送配電ネットワークのデジタル化にも力を入れており、中国は今や電力系統技術で世界をリードする存在となっています。

27 東京電力はUHV交流の送電線を建設済みですが、現在550kV(55万V)で運転しています

28 Global Energy Interconnection

Column

中国に負けずチャレンジを！

筆者が電力会社で中堅社員として働いていた頃、日本は中国から電力分野の留学生や企業研修生などを多く受け入れ、中国における電力分野の発展や人材育成に寄与してきました。

筆者自身も2005～2009年の間、中国国家電網公司（SGCC）におけるUHV送電系統技術に関するコンサルティングに携わった経験があります。ちょうどその頃から中国の電力産業は大きな飛躍を始めました。

当時から現在に至るまで、中国では電力分野で世界をリードするプロジェクトが目白押しで、多くの優秀な学生がこの分野に集まりました。他方、わが国では電力需要の伸びが鈍化するとともに、電力工学の魅力が薄れたためか、電力分野を志す学生の数が減っていきました。今後大きく変わっていくエネルギー分野を日本がリードしていけるかどうかは、国内外の優秀な人材を集められるかにかかっています。中国との技術競争で完敗することなく世界の中で存在感を示していくために、関係者が危機感を持ってチャレンジしていくことが望まれています。

3章 電気事業のいまと電力グリッド

ここからはいよいよ、現在の電力グリッドをめぐる動きを解説していきます。近年よく聞かれる「電力小売全面自由化と送配電部門の法的分離」、「再生可能エネルギーの導入拡大」、「災害と大規模停電」といったトピックスは、どれも電力系統が密接に関係すると同時に、それぞれが相互に関連する話題でもあります。現在の電気事業で一体何が起きているのか、一つずつひもといていきます。

POINT!

- 日本の電気事業は様々なプレイヤーが参加する「多元化された市場」へ。ネットワーク安定運用へ、電気の「価値」を3つに再定義
- 拡大著しい太陽光・風力発電は、発電と需要の「時間的ギャップ」「空間的ギャップ」の克服、さらに低コスト化が課題
- 激甚災害の増加を背景に、電力系統のレジリエンス確保への要請も高まる

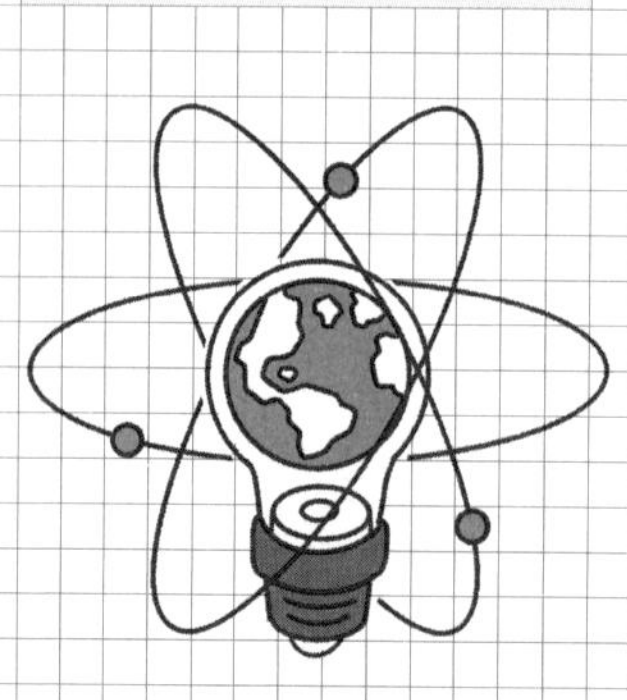

3-1 電力自由化と発送電分離

電気の価値を「アンバンドリング」市場メカニズムで全体最適を実現

２０２０年４月、電気事業法の改正により、日本の電力システムの仕組みが大きく変わりました。「発電―送配電―小売」という流れは、各地域を受け持つ電力会社が一体的に運営してきましたが、このうちの送配電部門、電力のネットワークを運用する組織が別会社化されました（法的分離）。

●●●「統一的な系統整備」から「多元的・集合体での最適化」へ

電力系統は次の２つの制約が常に満たされるように運用される必要があります。

・発電と需要が常にバランスしていること（需給バランス維持）
・電力ネットワークに流れる潮流が、安定して運用できる限界（運用容量）を超えない（系統制約）

一貫体制の下では、それぞれの地域でひとつの電力会社が、変動する需要に対して最も安いコストで供給できるよう、自社の発電・流通設備を運用してきました[1]。設備投資についても、それぞれの電力会社が地域全体の需要見通しや経済情勢を踏まえ、発電・送配電、需要設備という電力システム全体で最適化を図ってきました。

すでに自由化され、競争が進んでいる「発電」と「小売」の部門では、設備投資はそれぞれのサービス提供者の意思決定で行われています。再生可能エネルギーによる発電を行う発電事業者や、分散型電源を活用する小売電気事業者など、様々なプレイヤーが自前で設備を造り、その電力を運用することで、また新しい電力システムの形が作られていきます。それは、地域の電力会社1社が全体をつかさどる最適運用から、電力システムに参加する多くの発電事業者や小売電気事業者がそれぞれの目的の下で行う電力取引の集積によって、全体最適化を図ることへの変化を意味しています。

多彩なプレイヤーが市場に参加することにより、革新的なサービスや技術が生まれてくることが期待されます。一方で、参加者全員が「需給バランスの維持」と「電力ネットワークを安定運

1　この最適運用のやり方を「系統制約付き最適負荷配分（SCED：Security Constrained Economic Dispatch）」ということもあります

図3-1 一貫体制から「多元化」された市場へ

用できる送電容量を守る」という原則を守り、電力システムを維持していくことが必須となります。これを皆に公平に開放し、かつ全体最適化して維持していくよう整える仕組みが、電力市場や系統利用ルールにあたります。

電気は社会の維持に不可欠な財です。「生産、即消費」という特殊性から、市場設計の失敗が電力危機を招くこともあるので、市場の仕組み作りや取引ルールの整備には特段の配慮も必要になります。

●●●電気の「価値」を分け、機能を再定義する

自由化（規制緩和）が進み、電力システムへの参加者が増えることで、参加者の目的も多様化します。それぞれの取引における認識の違いで市場に混乱が生じないよう、あらためて電気の役割を分割して定義し直し、「電気の価値」ごとに大きく3つの市場が設けられることになりました図3-2。これは、発電所が生み出す価値として、3つの機能があるともいえます[2]。

▼kWh価値（キロワットアワー価値）電力量価値

「実際に発電される電気」の価値。家電や工場設備を動かすための電力量そのものの価値で、市場としては、2005年から日本卸電力取引所（JEPX）で始まっている取引があります。このほか、企業同士などの取引、また小売電気事業者と消費者など、一般的に電力の売買として行われているものが、この価値に当たります。事前に計画した通りに発電できることが求められます。

2 非化石価値とその取引については別の機能となるため、本書では割愛します

図3-2　電気の「4つの価値」

●取引される価値	●取引される市場
電力量［kWh（キロワットアワー）価値］ ――― 実際に発電される電気	卸電力市場 ・スポット市場 ・ベースロード市場など
容量（供給力）［kW（キロワット）価値］ ――― 発電することができる能力	容量市場
調整力［⊿kW（デルタキロワット）価値］ ――― 短時間で需給調整できる能力	調整力公募 ➡ 需給調整市場
非化石価値 ――― 化石燃料を使わず発電した電気★に付随する環境価値	非化石価値取引市場

★ 原子力発電、再生可能エネルギーなど

▼kW価値（キロワット価値：設備の規模）容量価値

「発電することができる能力」の価値です。現在はまだ、蓄電を行う能力や規模が十分ではないため、電力需要を平均的にならすことはできません。このためパワープールの中で、需要のタイミングに備え、十分な発電所の能力（発電出力の規模）の合計値をラインアップしておく必要があります。

比較的短期・中期で測るものと、発電所建設に当たっての時間軸も勘案した、将来的な価値を評価する場合もあります。

▼⊿kW価値（デルタキロワット価値）調整力価値

天候や気温が事前の予報とは異なったり、発電機など設備の不調で、実際には発電・需要とも計画との誤差が生じます。「需給バランスを常に維持する」という原則を守って系統を安定的に保つには、こうしたズレを補正する必要があります。予定外の出力変動に素早く対応できる能力を「調整力」として価値付けしていくことになりました。

「3つの価値」で決まる発電所の経済価値

このように発電所というのは、固定費（設備を建設したり、維持するためにかかる費用）と変動費（発電電力量に応じて必要になる燃料コスト）を投入して、ｋＷｈ、ｋＷ、⊿ｋＷという3つの価値を生み出す装置であると考えることができます。発電事業者から見れば、この3つの価値提供による限界利益（収益から変動費を引いたもの）によって発電所の固定費がまかなえるかどうかが、その発電所の「経済的な価値」を決めることになります[3]。

主に発送電一貫体制の電力会社だけで電力供給を担っていた頃は、3つの価値を分け、それぞれを商品として扱う必要がありませんでした。電力会社が自らの予測した電力需要に合わせて、自らの発電設備や電力流通設備を最適運転し、発電原価が最小になるように運用をしていればよかったわけです（124ページ参照）。

これが送配電部門の法的分離（アンバンドリング）により、多様な事業者で1つのパワープールを共用することになりました。こうしてパワープールを通して30分単位の商品として各事業者が

3　より正確には、当該発電所によって将来生み出されるキャッシュフローを現在価値に換算することで、発電所の市場価値が決まります

図3-3 ｜「3つの価値」の電源別得意分野

	kWh価値	kW価値	⊿kW価値
大規模系統電源（BER）			
原子力発電	★★★	★★★	—
火力発電	★★★	★★★	★★★
水力発電（流れ込み式）	★★★	★	—
水力発電（揚水式）	★	★★★	★★★
分散型エネルギー資源（DER）／再生可能エネルギー			
太陽光発電	★★	★★	—★
風力発電	★★	★★	—★

★ 調整力を提供する方法も検討されている

経済性に基づき行う取引（kWh価値）と、パワープールを安定化させるための調整取引（kW価値、⊿kW価値）とを分けて考える必要が生まれたため、これらを3つの価値に再定義し、それぞれを商品として取引すると整理されたのです。

アンバンドリングによって電気の取引が複雑化したようにも見えますが、商品をそれぞれ分けて扱うことによるメリットもあります。例えば、デマンド・レスポンス（DR）によって容量市場に参加したり、将来的に普及が進むと考えられる電気自動車（EV）のバッテリーで調整力（⊿kW）を提供できるようになるなど、従来の大規模発電所だけではなく、様々なプレイヤーやテクノロジーが参加可能になったのです。

テーマ解説 1

安定供給の「アンカーマン」

調整力価値（⊿kW／デルタキロワット価値）

発電事業者と小売電気事業者はそれぞれ、30分単位で翌日分の最適な発電計画や需要計画を策定し、一般送配電事業者に提出することになっています。この計画は30分単位で需給のバランスが取れている必要がありますが、実際には需要想定のズレや発電機の不調、制御誤差などにより、発電計画と発電実績、需要計画と需要実績にはそれぞれ乖離が出ます[4]（インバランス）。仮に計画で完全にバランスしていても、需要の変動や自然変動電源により、瞬時瞬時で見れば需給にはズレが生じています。

一方、周波数維持のためには、秒の単位で需給バランスを取る必要があります。これらの個々の発電事業者や小売電気事業者で追いきれないズレをまとめて補正するために使われるのが「調整力」で、いわば「安定供給のアンカーマン」の役割を果たしています。瞬時瞬時の需要と供給（いずれも単位はkW）のズレを埋めるものであることから、わが国では「⊿kW」と呼んでいます[5]。

海外では「フレキシビリティ」といわれることも最近は増えてきました。欧州を中心に使われ始めており、広義に「需給の変動に応じて電力供給や消費を調整できる能力」を指すようです。大型火力・水力発電など系統全体に対する従来型の周波数調整力に加え、蓄電池や電気自動車（EV）、デマンド・レスポンス（DR）といった需要側エネルギー資源も供給源に含まれます。［3章-2］でも、もう少し詳しく解説します。

図3-4　インバランス

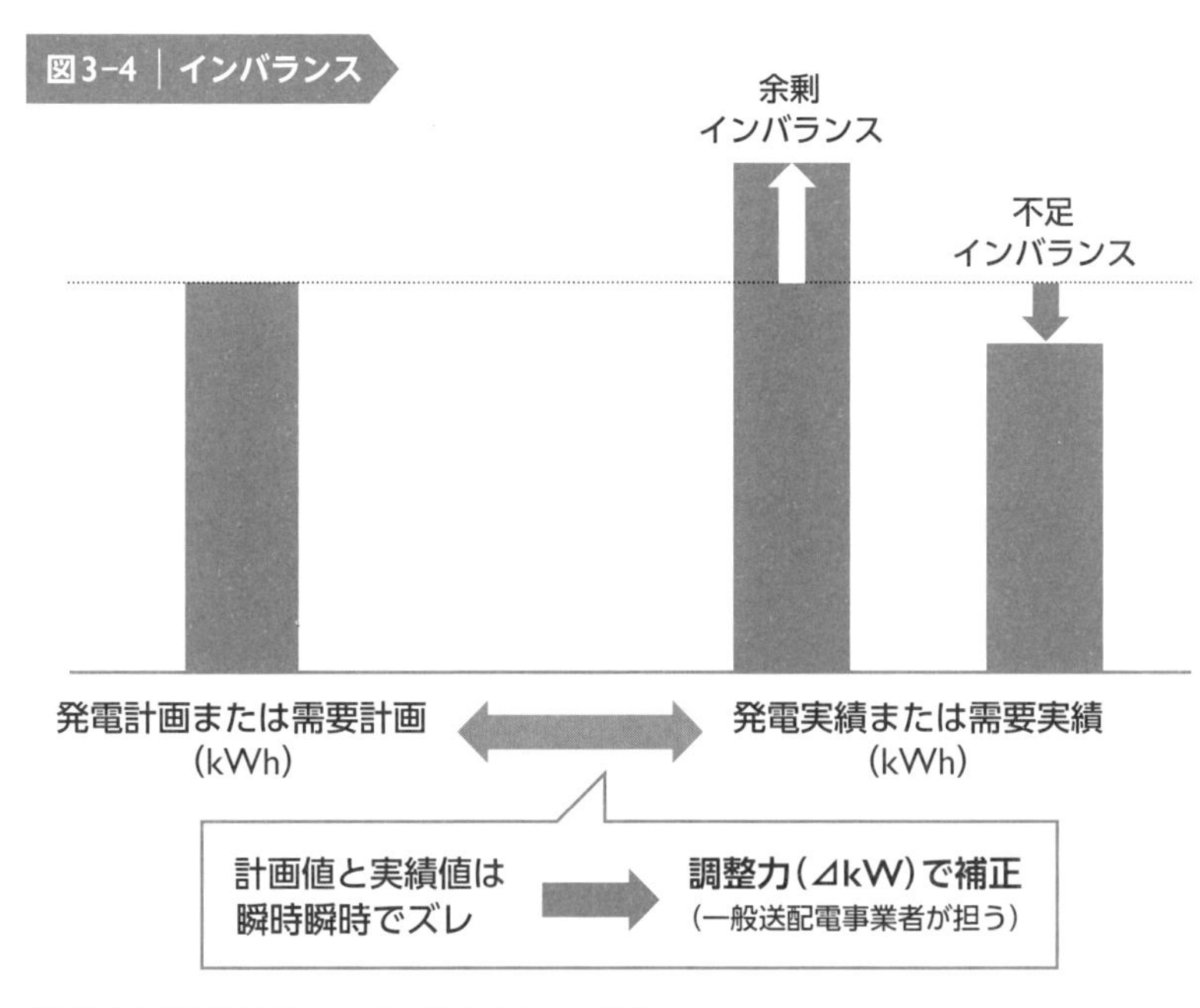

（出所）経済産業省資源エネルギー庁資料をもとに作成

図3-5　パワープールの「調整力価値」

調整力価値（⊿ kW 価値）

パワープールの水位調整用に
タンクから出る
「水の量」と「応動時間★」

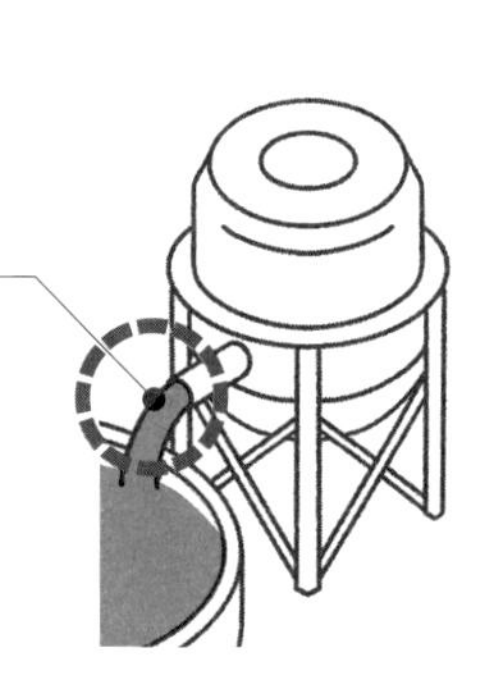

★ 出水指令受信にかかる時間＋指令受信から水量変化にかかる時間

4　発電計画と実績、需要計画と実績の乖離を「インバランス」と呼びます

5　⊿kWは筆者がもともと考案した造語です。また、瞬時瞬時のズレ分は確かに⊿kWですが、インバランスは30分単位の電力量（kWh）のズレなので本来は⊿kWhという方が適切でしょう。ただこれらは一括して調整されているので、まとめて⊿kWと呼ぶことにしました

発電の経済性ではなく「存在」を評価

容量価値（kW／キロワット価値）

容量（Capacity）価値についても簡単に説明しましょう。パワープールの運用では前述の通り、需要を想定しながら発電計画を決めていますが、仮に翌日の需要が過去最大になると予想できたとしても、その需要に対応できるだけの発電設備容量（kW）がなければ、そもそも需要をまかなうことができません。

つまり常に一定以上の量の設備が卸市場（相対取引や小売電気事業者による自己取引分も含む）に参加していることが必要です。そこで、パワープールの中の参加者や系統運用者の要請に応じて発電することができる設備の容量（kW）を、「容量（kW）価値」といっています。これは、トレーディングなどで用いられているコールオプション[6]という概念――市場参加者や系統運用者が確保する「ある期日に電気を特定の価格で買うことのできる権利」に似た概念であると考えることができます。

しかし、従来の電力市場では実際に発電される発電量（kWh）に応じた対価のみの支払いになるので、発電側としては「待機している」だけでは利益を生むのが難しいという問題がありました。ここをきちんと経済的に評価して、安定供給に必要な供給力を確保しようというのが「容量価値」です。2020年7月、初めて行われた容量市場の入札では、こうした新たな価値がどのように評価されるか、注目が集まりました。

他方、需給が逼迫したときに行われるデマンド・レスポンス（DR）[7]も、供給力と似たような効果を持

図3-6 | 容量価値

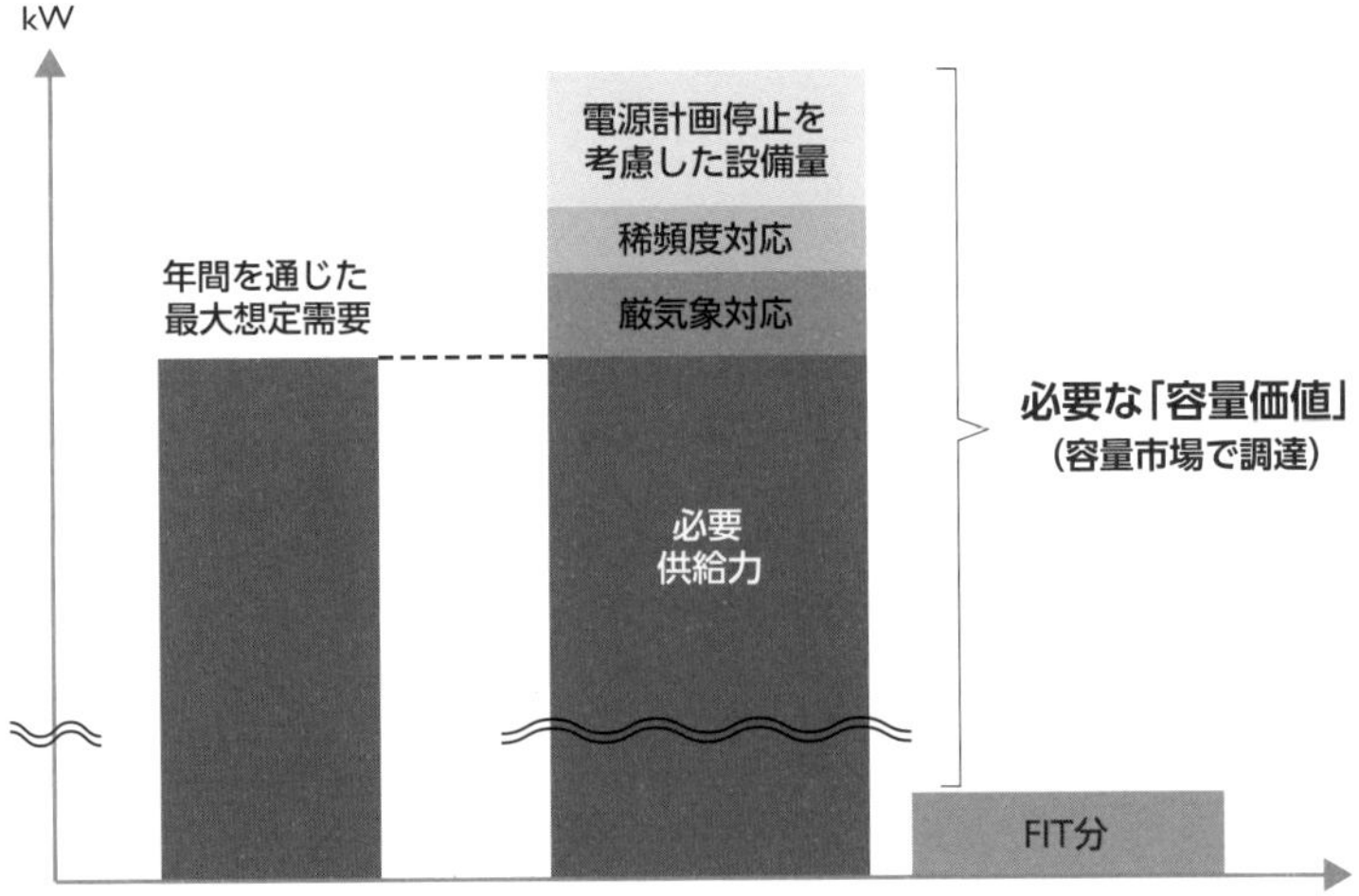

kW

電源計画停止を考慮した設備量

稀頻度対応

厳気象対応

年間を通じた最大想定需要

必要供給力

必要な「容量価値」
（容量市場で調達）

FIT分

（出所）電力広域的運営推進機関「容量市場の概要について」をもとに作成

図3-7 | パワープールの「容量価値」

容量価値（kW価値）

パワープールの「タンクの大きさ」

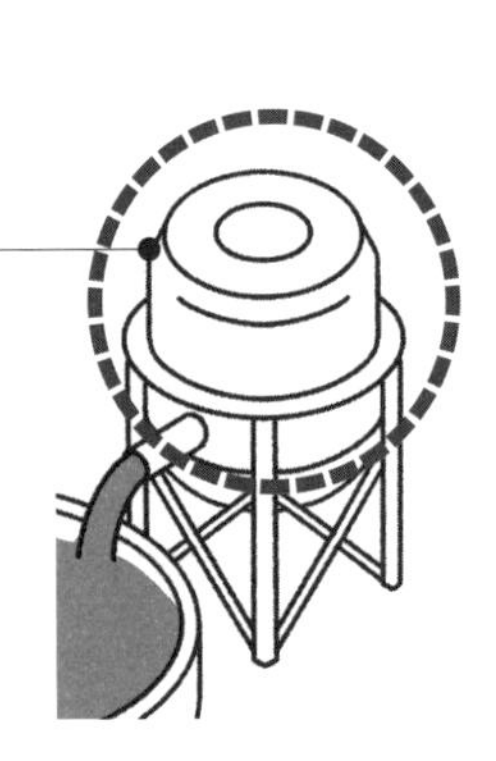

つことから、これもkW価値として評価することができます。

6　金融商品の一つ。あるモノを特定の期日に、特定の価格で買うことのできる権利

7　需要側での電力使用量削減あるいはネガワット

電力系統を維持する　需給バランスの役割分担

3つの「電気の価値」の提供と、アンバンドリング後のそれぞれの関係者の役割分担。電力系統の需給バランス維持と経済性の両立にとって、とても重要な関係ですので、解説しましょう。図3-8を見てください。ここでは連結された池を一つの大きなプールとして簡単に描いています。

まず、発電事業者は電力購入契約（ＰＰＡ）を保有している小売電気事業者へ、契約に基づいて電気を卸したり、卸電力市場に売電します。その際にＰＰＡや市場取引結果に応じて30分単位での発電計画を策定、系統運用者に提出し[8]、実運用ではその計画に合わせて運転します。

小売電気事業者は需要を想定して需要計画を策定しますが、その需要とバランスする電気（ｋＷｈ）を自社電源でまかなったり、ＰＰＡや卸電力市場で調達して自らの顧客に供給することになります。このように、発電事業者や小売電気事業者も需給バランス維持（パワープールの水位の維持）に一定の役割を果たしているのです。また需給バランス維持の上での最小単位となっていることから、これらを「バランシンググループ（ＢＧ[9]）」と呼んでいます。

バランシンググループ内の調整で一定の需給バランスを保っても、さらに瞬時瞬時に発生する需給ギャップ（⊿ｋＷ）を調整する必要があり、その役割を負っているのが系統運用者です。し

8　日本では電力広域的運営推進機関を通じて系統運用者（一般送配電事業者）に提出します。発電計画は30分単位で、実需給1時間前（ゲートクローズ、図3-9参照）までに最終的な計画を提出します

9　Balancing Groupの略。地域によってはBalancing Responsible Party（ＢＲＰ）ともいいます。発電事業者のグループを「発電バランシンググループ」、小売電気事業者のグループを「需要バランシンググループ」とも呼びます。需要バランシンググループの中には、自社電源や電力購入契約（ＰＰＡ：Power Purchase Agreement）で調達した発電所を入れることもできます

10　デマンド・レスポンス（DR）、電気自動車（EV）、蓄電池、太陽光発電といった需要側エネルギー資源を集約し、電力供給や調整力提供などのビジネスを展開する事業者

図3-8　需給バランスの役割分担

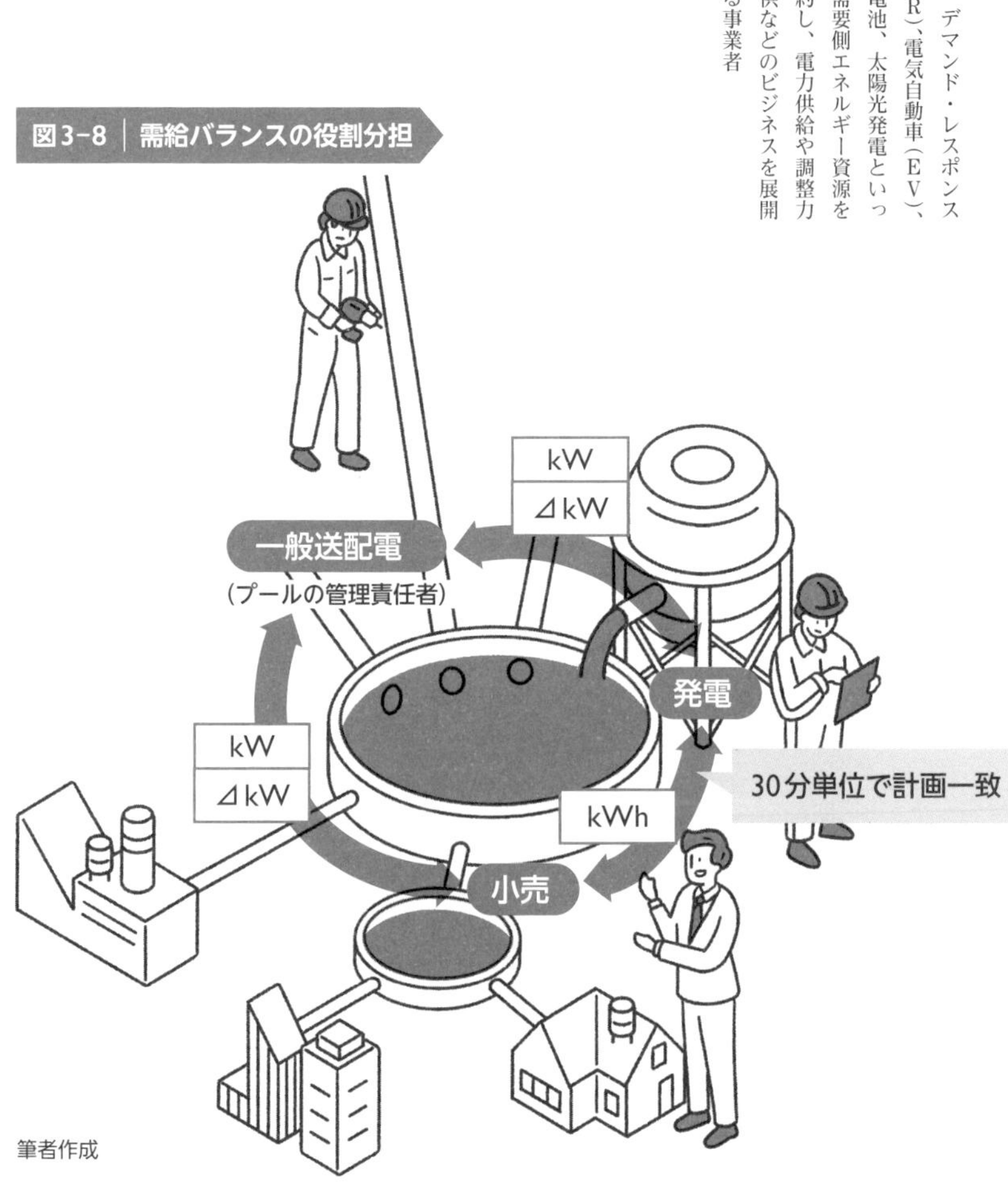

筆者作成

かし、日本の電力システムでは、系統運用者は調整を行うための原資となる発電設備や需要設備などを所有しないこととなっているので、発電設備の所有者やアグリゲーター10などから公募、契約によって調整力を確保しています。今後、2021年以降に「需給調整市場」が整備されると、この市場取引を通じて調整力の確保と運用が行われることになります。

このように発電事業者、小売電気事業者、系統運用者それぞれが与えられた責任を分担し、電気の価値を提供していくこと

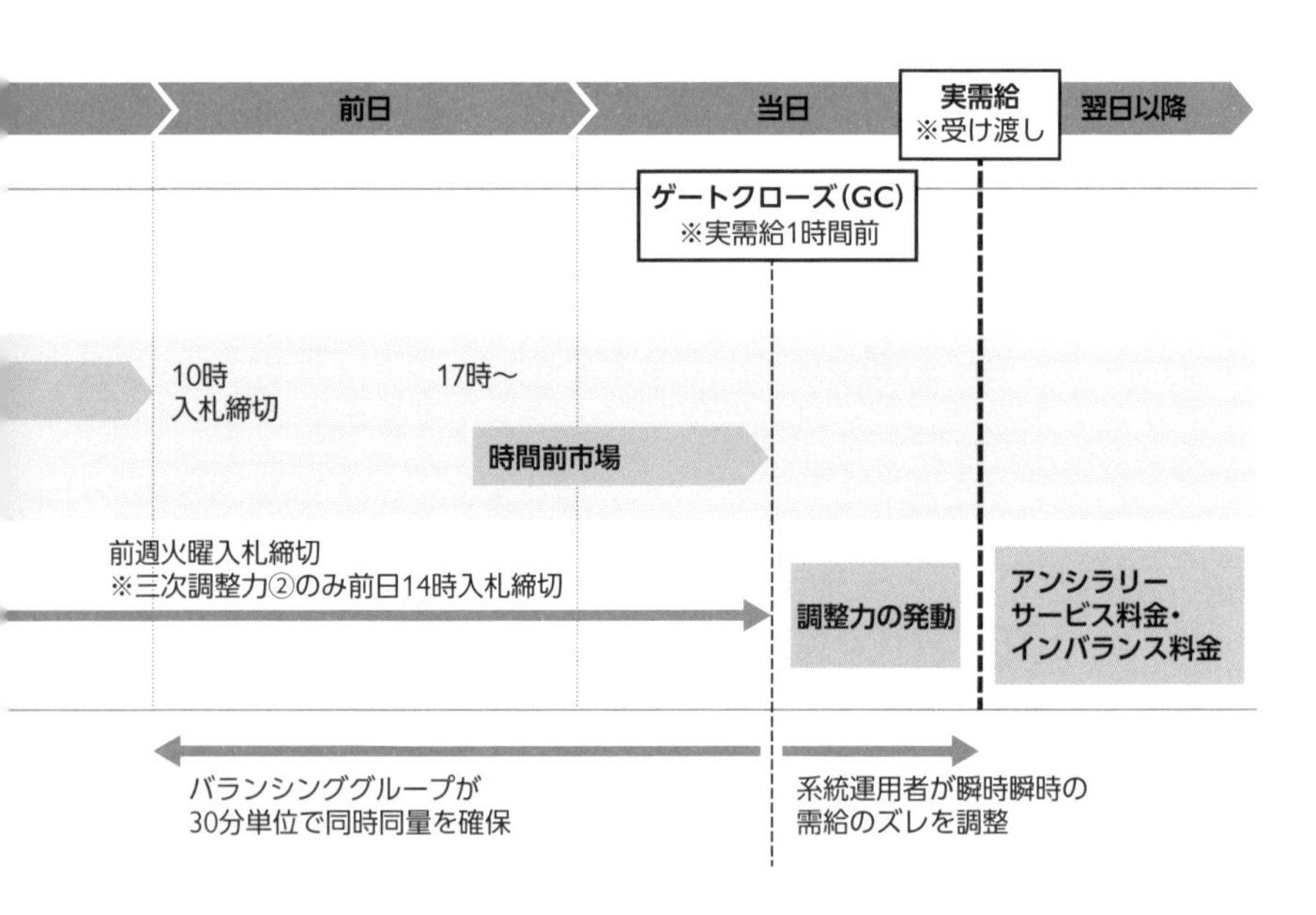

で、電力系統内の需給バランスが保たれる仕組みになっています。

時系列で役割分担を見てみると……

この役割分担を時系列で見てみましょう（図3-9）。発電計画、需要計画は実需給の前日に提出することになっていますが、当日30分単位での実需給開始1時間前までに当日計画を提出することができます。例えば、午後2時半〜3時までの取引分については、午後1時半が当日計画の提出の締切になります。これを「ゲートクローズ（GC）」といいます。バランシンググループでは発電や需要の計画を見直しながら、GCまでの間に30分単位で需給一致に努めますが、GC以降は瞬時瞬時の需給のズレの調整を系統運用者に委ねているといえるのです。

前節で取り上げた3つの価値（kWh、kW、⊿kW）につい

図3-9 取引スケジュール

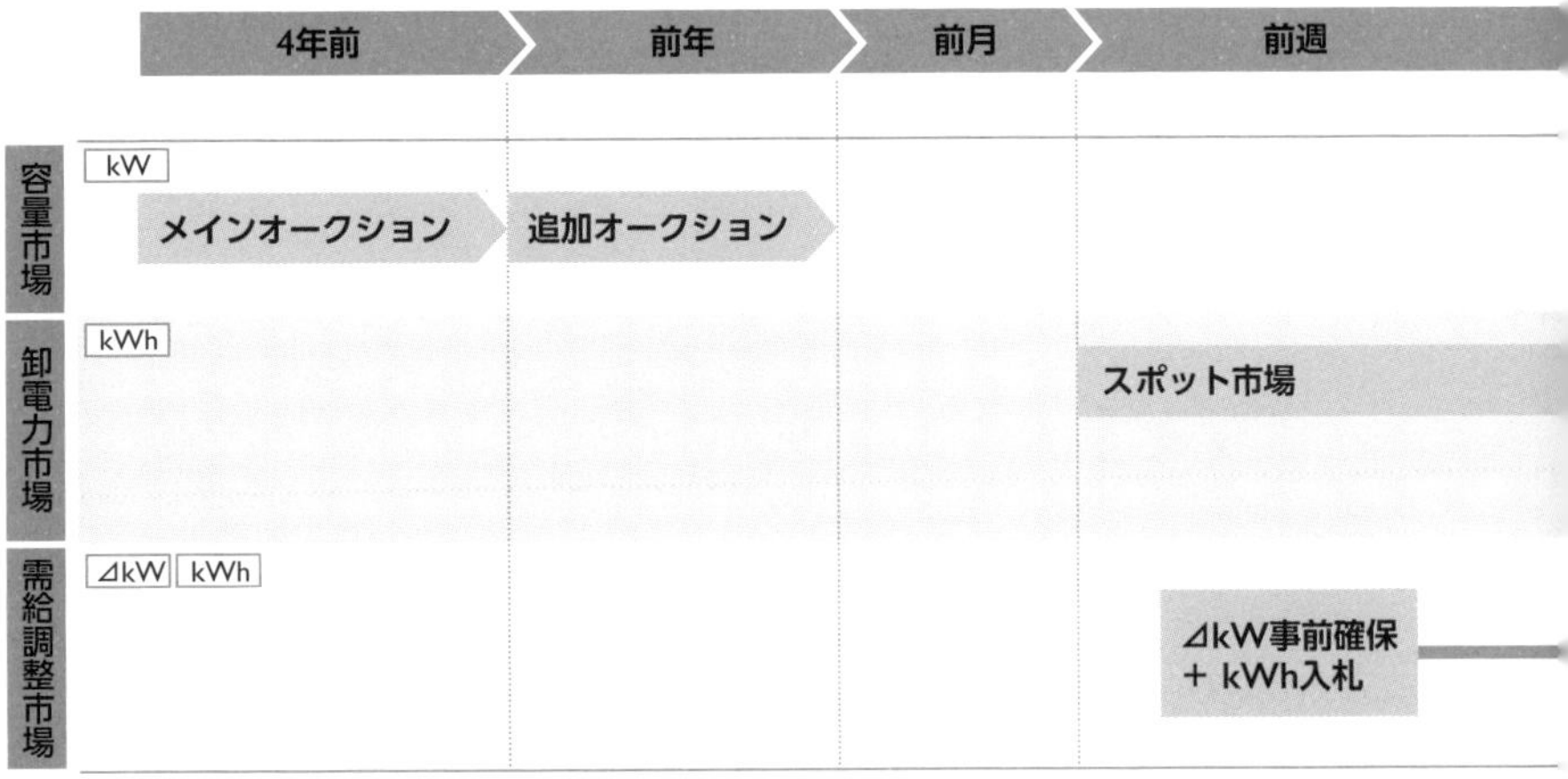

（出所）電力広域的運営推進機関第18回需給調整市場検討小委員会資料をもとに作成

ても、2020年度以降、わが国では 図3-9 のように取引されることになっています。

「安い順」に電源を運用、利益を最大に

メリットオーダー

ここで電源運用における「メリットオーダー」と「限界費用」という考え方を説明しておきましょう。

例えば発送電一貫体制の電力会社が電源の最適運用を行う場合、燃料費単価（円／kWh）の安価な電源から優先的に運転していきます。仮に需要のレベルがLだとすると、総発電電力量がLになるまで燃料費単価の安い電源順に並べていくと、図3-10に示したようになるでしょう。これを電源のメリットオーダー（Merit Order）といいます。また、需要がLとなる時点での増分発電コスト「MC（円／kWh）」、すなわち需要を満たす発電設備の中で最も高い燃料費単価を、電力系統内の「限界費用」（Marginal Cost）といいます。

また、メリットオーダーに並べた増分燃料単価を限界費用曲線といいます。

例えば、仮に卸電力取引所のスポット市場がない場合、あるバランシンググループ（BG）1は最も発電原価が安くなるようグループ内の電源をメリットオーダーで動かします。このBG1の限界費用を「MC1」とします。スポット市場があれば、その価格が「MC1」を下回れば発電原価がMCを超える電源を停止し、その分はスポット市場から購入すれば発電コストが最小となり利益が最大となります。

また、別のBG2の限界費用「MC2」がスポット市場の価格MCよりも安いならば、このBGはMCになるまで発電力を増加させて市場に売電すれば利益が最大となります。

図3-10　メリットオーダー

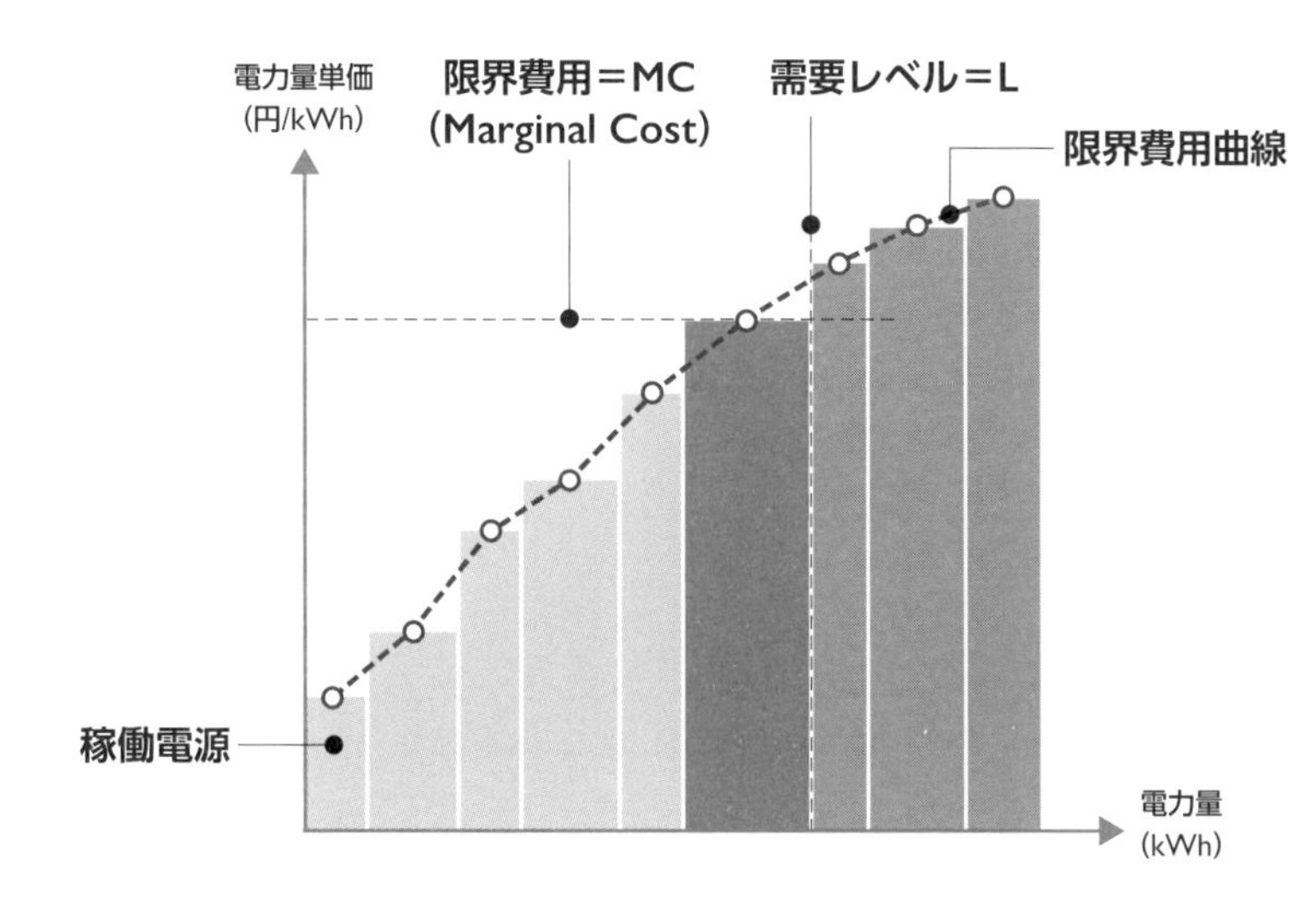

（出所）電力広域的運営推進機関資料をもとに作成

つまり利益最大化を図るためには、市場価格と自らの限界費用を一致させればよいのです。このように市場を活用して発電事業者が発電コストを低減したり、利益を増加させることを「経済差し替え」ということがあります。

BGにとって市場価格が未知で全くコントロールできない場合、どのように入札すればよいでしょうか。この答えは簡単で、自らの限界費用曲線、つまりメリットオーダーで入札を行えばよいのです。需給バランスにより市場価格がどう変わっても、常に自らの限界費用と市場価格を一致させるように発電所を運転することができます。もちろん、これは自らの入札行動が市場価格に影響を与えないという前提です。

需給調整市場と調整力❶

「調整力（⊿kW）」の上げ・下げとは？

ここからは需給の調整力（⊿kW）と、それを取引する需給調整市場の仕組みを簡単に整理します。

ゲートクローズ後の需給調整に用いる調整力（⊿kW）を確保して運用するのは、系統運用者（日本では一般送配電事業者）です。瞬時瞬時で生じている需給ギャップは、その時点になってみないとどの程度か分かりません。このため、系統運用者は過去の需給変動の実績から統計的に分析し、必要量をあらかじめ「確保」しておくわけです。また、実需給の時点では、確保された調整力を使って、実際に供給力または需要側エネルギー資源を「上げ」「下げ」11し調整することになりますが、これを調整力の「運用」といいます。

具体的に需要の上振れに対して、「上げ」方向（発電出力を上げて需給バランスを取る方向）の調整を行うケースを考えてみましょう図3-11。系統運用者からの指令に応じて、発電機の出力を上げて運転するためには、調整力として確保した発電機の出力を常時は定格出力よりも下げておく必要があります。したがって、ある発電機が系統運用者に対し「上げ調整力5万kW」を提供する場合、通常、その発電機の出力を5万kW下げておく必要があります。さらには、当該発電機が属するバランシンググループ（BG）としての発電計画は、5万kW分の上げ余力を持たせたものである必要があり、系統運用者からのリアルタイムの指令によって定格出力まで上昇させる際も、BGとして対応できるようにしなければなりません。下げ調

図3-11 | 上げ調整

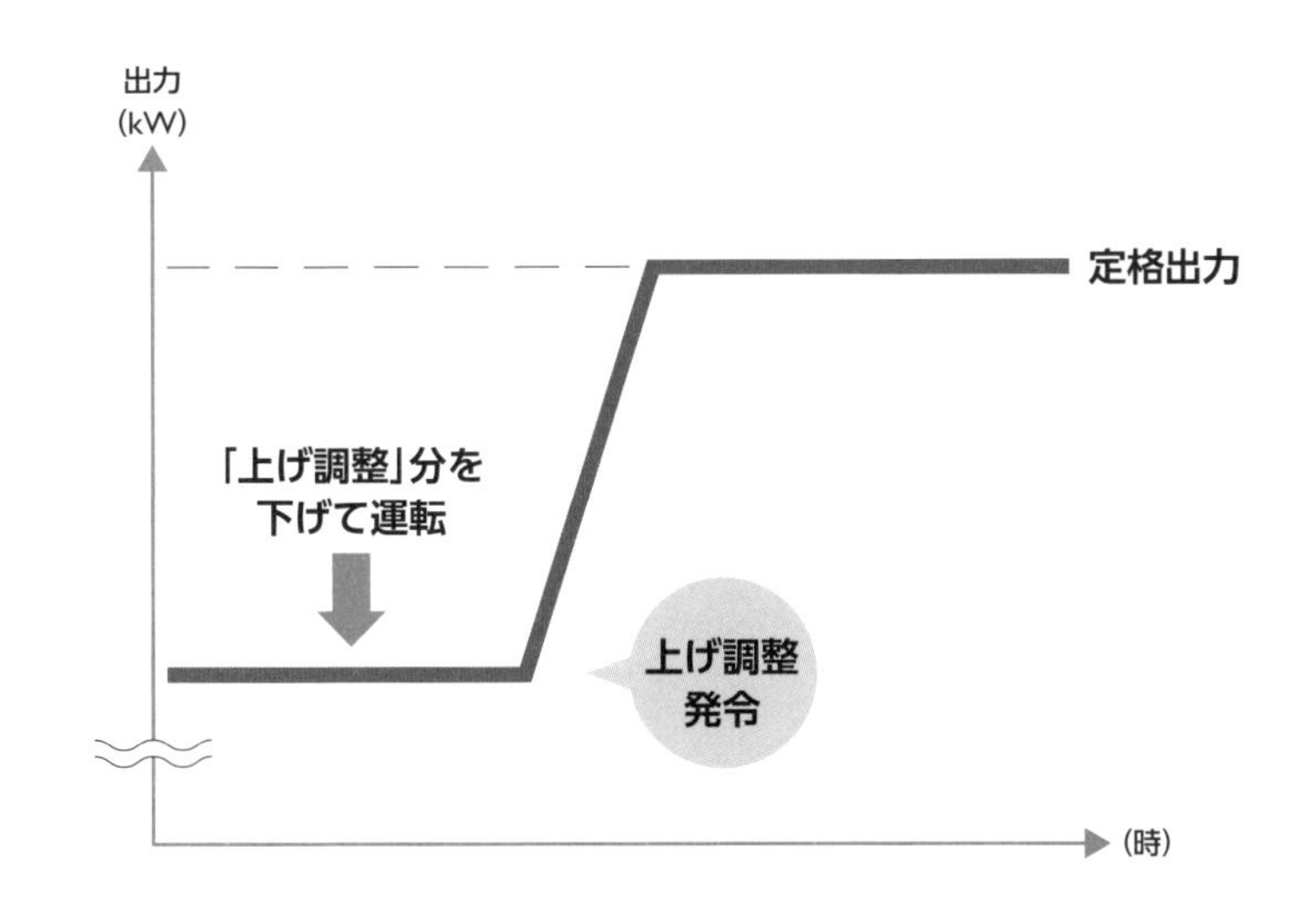

整の場合はこの逆で、BGの発電計画では、発電機の最低出力よりも、提供する調整力分だけは出力を上げていなければなりません。

こうすることで、同じ発電機をBG内の需給バランスのために活用しながら、余力分を系統運用上の調整力として活用することができるのです。

11 需要の急増に合わせて発電出力を上げ、需給バランスを取る調整を「上げ調整」、逆に発電出力を下げる調整を「下げ調整」といいます

瞬発力の短距離選手から持続力の長距離選手まで

需給調整市場と調整力❷

上げ・下げの調整力によりパワープールで生じる需給ギャップを埋めるわけですが、短い時間で急峻に生じるギャップもあれば、長時間持続する場合もあります。

陸上選手に例えるなら、短距離走からマラソンまで万能な選手もいるかもしれませんが、通常はそれぞれ得意な領域がありますね。このため2021年に開設される需給調整市場では、取引する商品をいくつかのカテゴリーに分け、それぞれ入札を行うことで、適材適所も考慮した経済的な調整力調達が行われます。

日本の需給調整市場における商品には大きく5つのカテゴリーがあり図3-12、それぞれ「上げ」「下げ」の調達が行われるため、全部で10の商品が取引されることになります。

応答速度が最も速く、緊急性が高いものが「一次調整力」です。系統運用者からの指令を待たず自端で発動できるもので、可変速揚水発電や変電所に設置された大型蓄電池などが該当します。次の「二次調整力」は2種類あり、いずれも専用線での監視や5分以内での応動、30分以上の継続対応が求められています。2種類の違いは系統への並列があるか、ないかです。「三次調整力」も2種類ありますが、この商品は継続して3時間の対応が可能であることです。その分、応動する時間が「15分以内」もしくは「45分以内」と、比較的余裕がある特徴が挙げられます。

図3-12 需給調整市場の商品要件

	一次調整力	二次調整力①	二次調整力②	三次調整力①	三次調整力②
英呼称	Frequency Containment Reserve (FCR)	Synchronized Frequency Restoration Reserve (S-FRR)	Frequency Restoration Reserve (FRR)	Replacement Reserve (RR)	Replacement Reserve-for FIT (RR-FIT)
指令・制御	オフライン（自端制御）	オンライン（LFC信号）	オンライン（EDC信号）	オンライン（EDC信号）	オンライン
監視	オンライン（一部オフラインも可★2）	オンライン	オンライン	オンライン	オンライン
回線	専用線★1（監視がオフラインの場合は不要）	専用線★1	専用線★1	専用線または簡易指令システム	専用線または簡易指令システム
応動時間	10秒以内	5分以内	5分以内	15分以内★3	45分以内
継続時間	5分以上★3	30分以上	30分以上	商品ブロック時間（3時間）	商品ブロック時間（3時間）
並列要否	必須	必須	任意	任意	任意
指令間隔	－（自端制御）	0.5～数十秒★4	数秒～数分★4	専用線：数秒～数分 簡易指令システム：5分★6	30分
監視間隔	1～数秒★2	1～5秒程度★4	1～5秒程度★4	専用線：1～5秒程度 簡易指令システム：1分	1～30分★5
供出可能量（入札量上限）	10秒以内に出力変化可能な量（機器性能上のGF幅を上限）	5分以内に出力変化可能な量（機器性能上のLFC幅を上限）	5分以内に出力変化可能な量（オンラインで調整可能な幅を上限）	15分以内に出力変化可能な量（オンラインで調整可能な幅を上限）	45分以内に出力変化可能な量（オンライン（簡易指令システムも含む）で調整可能な幅を上限）
最低入札量	5MW（監視がオフラインの場合は1MW）	5MW★1、4	5MW★1、4	専用線：5MW 簡易指令システム：1MW	専用線：5MW 簡易指令システム：1MW
刻み幅（入札単位）	1kW	1kW	1kW	1kW	1kW
上げ下げ区分	上げ／下げ	上げ／下げ	上げ／下げ	上げ／下げ	上げ／下げ

★1 簡易指令システムと中給システムの接続可否について、サイバーセキュリティの観点から国で検討中のため、これを踏まえてあらためて検討

★2 事後に数値データを提供する必要あり（データの取得方法、提供方法などについては今後検討）

★3 沖縄エリアはエリア固有事情を踏まえて個別に設定

★4 中給システムと簡易指令システムの接続が可能となった場合においても、監視の通信プロトコルや監視間隔などについては、別途検討が必要

★5 30分を最大として、事業者が収集している周期と合わせることも許容

★6 簡易指令システムの指令間隔は広域需給調整システムの計算周期となるため当面は15分

（出所）電力広域的運営推進機関第18回需給調整市場検討小委員会資料をもとに作成

パワープールを越え日本全体での調整も

需給調整市場と調整力❸

ここまで、一般送配電事業者の運用エリア内で需給バランスを取る仕組みを説明してきましたが、需給調整市場では運用エリアをまたいで需給調整を行うことで、日本全体の広域的なパワープールの需給調整を効率よく行うことについても計画されています。

日本の電力系統は主に、「北海道―本州」「東日本―西日本」が直流連系され、その他は交流で連系されていますから、同期系統（パワープールの水位（周波数）が自動的に等しくなる範囲）は「北海道エリア」「東北・東京エリア」「中部から九州までの60Hz系統エリア」の3つということができます。例えば東北と東京の周波数はいつも一致しています。

一般送配電事業者は、自らの池の水位（周波数）と他エリアとの融通量（水路を流れる潮流）の大きさが常に計画値と等しくなるように需給調整を行います。

例えば東北エリアでの発電が需要を上回ったとしましょう。すると、東北・東京からなる同期系統の「池」の水位が少し増加すると同時に、東京に向かって流れる水路（連系線）の潮流が増加するので、東北では、エリア内で生じている需要と供給のズレ分をゼロとするように調整します。こうして周波数と連系線の潮流が計画値の通りに維持されています。

今度は、東北エリアで発電が計画を5万kW、東京エリアで需要が計画を5万kW上回ったと想定しましょう。すると、現在の需給調整の方法ではそれぞれ、5万kWの下げと上げの調整が行われます。しかし、

図3-13　広域的に需給を調整

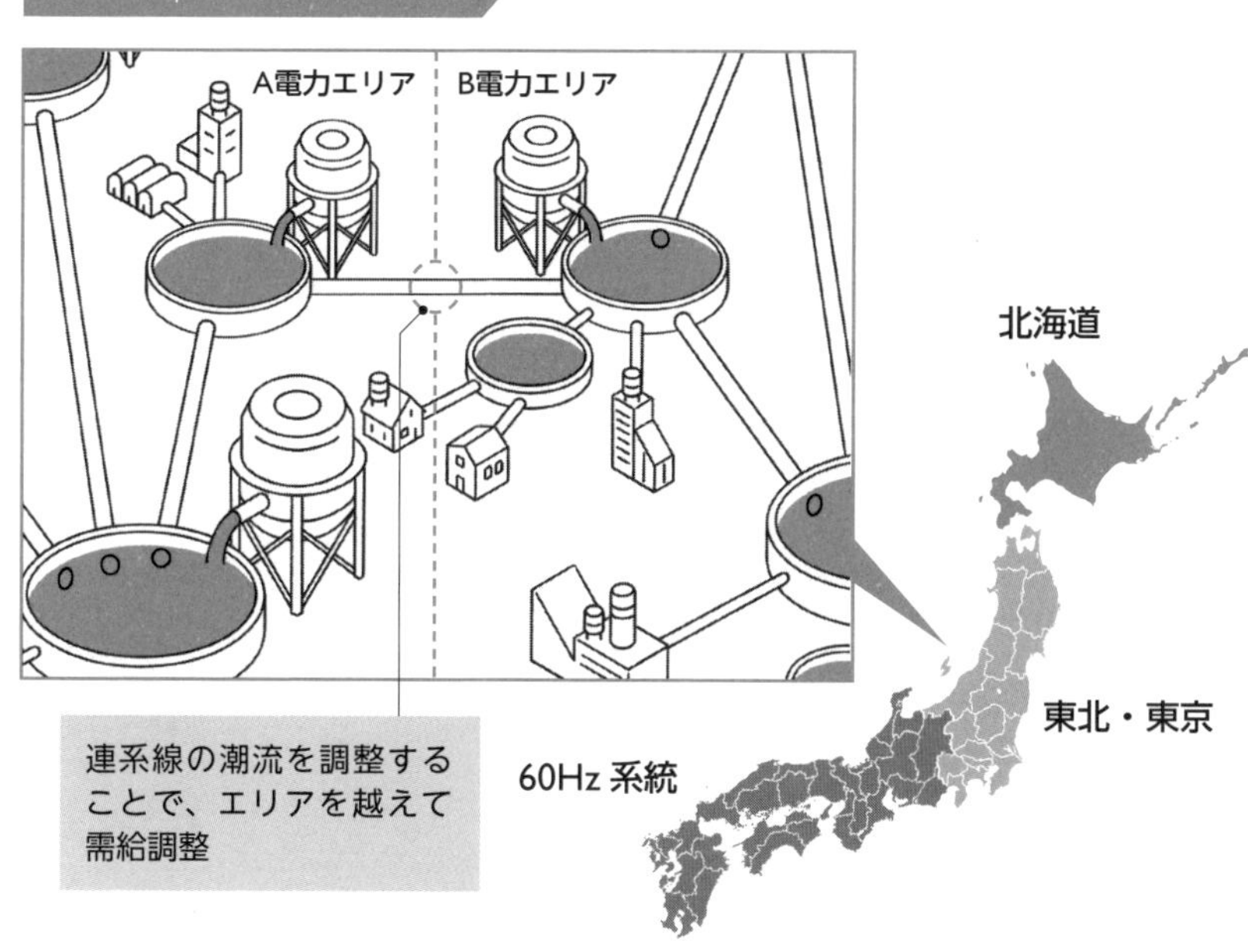

東北・東京を1つのパワープールと見れば、発電と需要が同量だけ増加したことになるので周波数は変動しません。したがってエリアごとの需給調整を行わなければ、東北エリアから東京エリアへの連系線潮流が5万kW増加するだけで周波数は一定に保たれます。この場合、連系線容量は余分に使われるものの、その分だけ需給調整コストが不要になります。

このように、現在は一般送配電事業者のエリアごとに行っている需給調整を、広域的なエリアでまとめて調整することで必要となる調整力を減らすことを「ネッティング」といいます。ゲートクローズ後の需給変動はランダムに生じると考えられるため、大数の法則が働いて、必要となる調整力が削減されることが期待されています。

この広域需給調整は、中部・北陸・関西の電力3社で2020年3月に運用開始され、9社へ拡大されることになっています。

まず全国大で供給力確保　市場分断も考慮

容量市場

容量市場と需給調整市場。実際にはいずれも、kW価値を取引する市場です。価格指標性の観点から、「国全体で必要なkW価値（設備容量）」は容量市場で取引し、一般送配電事業者が必要とする⊿kW価値（調整力価値）は、すべて需給調整市場で取引を行うと整理されました。

容量市場では、電力広域的運営推進機関が実需給期間の4年前に全国で必要な供給力を一括して確保します。沖縄と離島を除く全国単一の市場としてオークションを行いますが、各エリアの供給信頼度を経済的に確保するため、地域間連系線の容量制約によっては市場が分断される可能性もあります。例えば、全国で安価な順に落札電源を決め、あるエリアの供給信頼度が確保できなかった場合、当該エリアの市場を分断、落札できなかった電源の中から、順に安価な電源を当該エリアの供給信頼度が確保できるまで追加します。

容量市場を全国化したのは、他エリアの供給力の余力を期待し、より効率的な設備構成としていくためです。地域独占の時代は経済成長が著しく、1年で電力需要が大幅に増える傾向が続いていたことから、過去の供給計画ではエリアごとに予備力を持つことが義務付けられていました。一方で全国大で電力供給システムはすでに整っている上、人口減などで需要は低成長が見込まれます。安定供給に支障のない範囲で連系線を効率的に活用することで、スリムで経済的な電力システム構築への転換が志向されています。

図3-14 容量市場

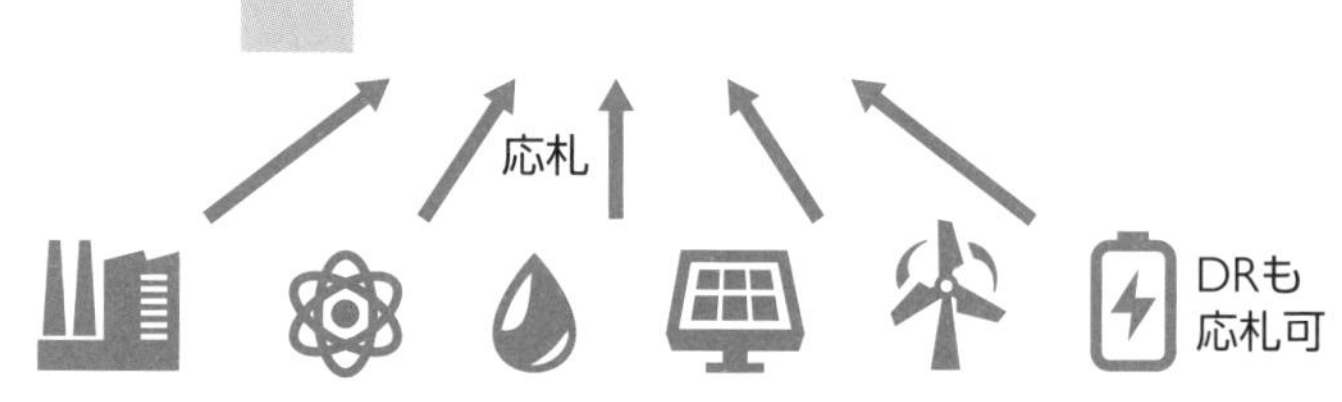

（出所）電力広域的運営推進機関「容量市場の概要について」をもとに作成

図3-15 容量市場の広域化

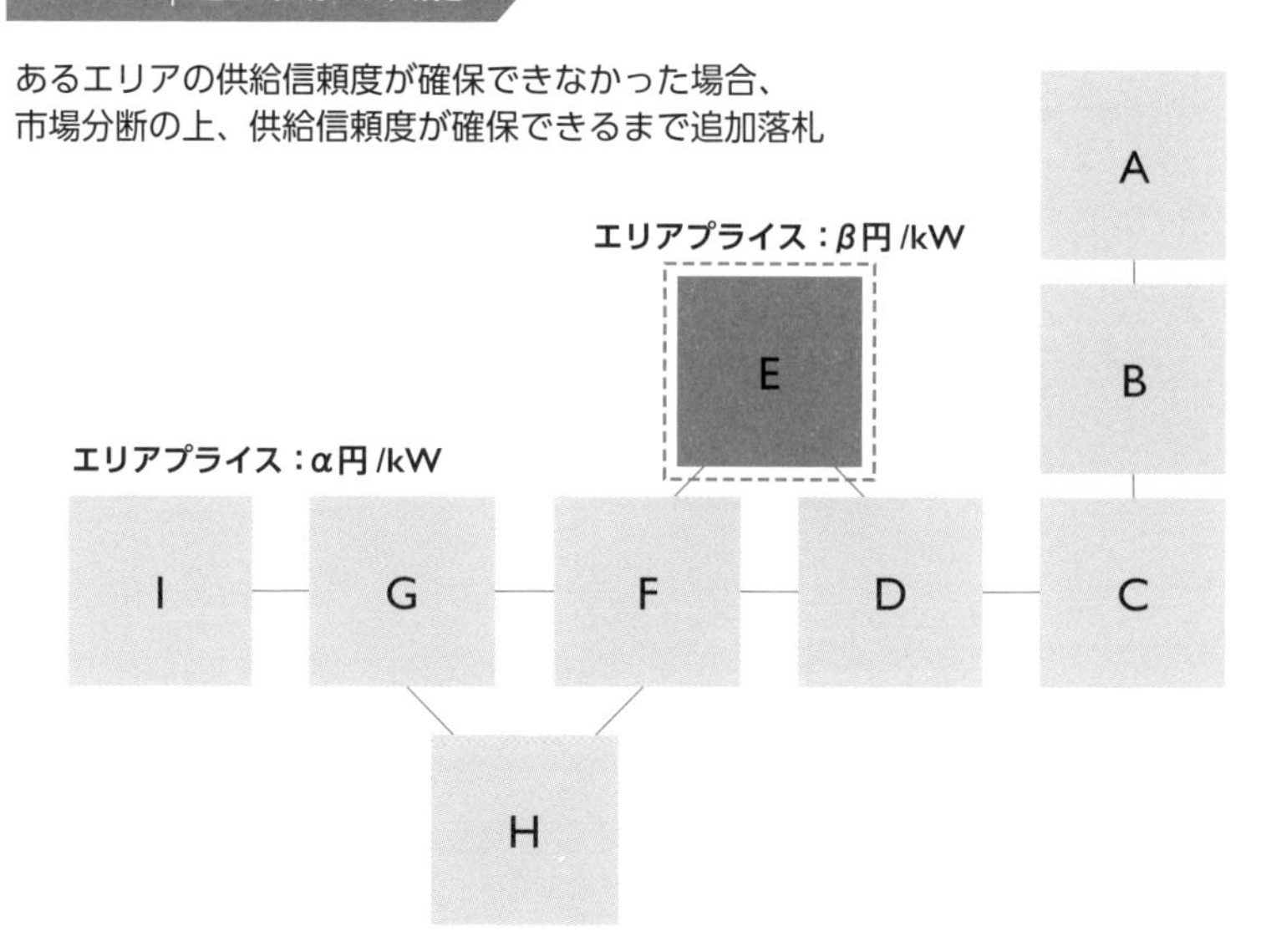

（出所）電力広域的運営推進機関「容量市場の概要について」をもとに作成

Column

PJMスタイルとの比較

日本の電力市場は、バランシンググループという概念を中心にしており、いわば欧州型の市場になっています。PJM[12]など米国ISO（**86ページ参照**）の運営する市場では、バランシンググループによる需給調整という概念はなく、物理的な運用は原則としてISOに委ねられています。対比の意味で、ここでは代表的なISOであるPJMと比較してみましょう。

リアルタイム市場（インバランス市場）、周波数調整市場などがあり、ISOが一括してリアルタイムの調整力を確保。1日前市場は市場参加者が需給1日前に売買をいったん確定させる金融的・経済的な役割を果たしており、実需給はリアルタイム市場で一括して行われていると考えられます。リアルタイム市場が先に導入されたことからも明らかです。

12　米国の地域送電機関（RTO）の1つ。デラウェア州、イリノイ州、インディアナ州、ケンタッキー州、メリーランド州、ミシガン州、ニュージャージー州、ノースカロライナ州、オハイオ州、ペンシルベニア州、テネシー州、バージニア州、ウエストバージニア州、ワシントンD.C.からなる米国北東部エリアを管轄するPJM-ISOを指す

3-2 再生可能エネルギー

主力電源化への期待と課題

現在の電気事業で最も脚光を浴びているのは、何といっても「再生可能エネルギー」でしょう。発電するときに化石燃料を消費せず、二酸化炭素（CO_2）を発生させることのないクリーンなエネルギーですから、「脱炭素化（Decarbonization）」の担い手として期待が高まっています。発電コストの低下を背景に、急速に導入が進んでいます図3-16。

日本でも2012年にスタートした再生可能エネルギー固定価格買取制度（FIT：Feed in Tariff）によって、太陽光発電を中心に急激に普及が拡大してきました。

一方で急拡大に伴い顕在化してきた課題も指摘されています。グリッドの観点では、「系統制約[13]」に起因する問題を中心に大きく次の3点に集約されるでしょう。特に太陽光・風力発電など、天候や時間帯により発電量が変わる「自然変動電源」に顕著な課題であるといえます。

13 送配電ネットワークに接続できる電源（発電設備）の容量には限りがあります（38ページ参照）

図3-16 世界の発電設備容量と再生可能エネルギー

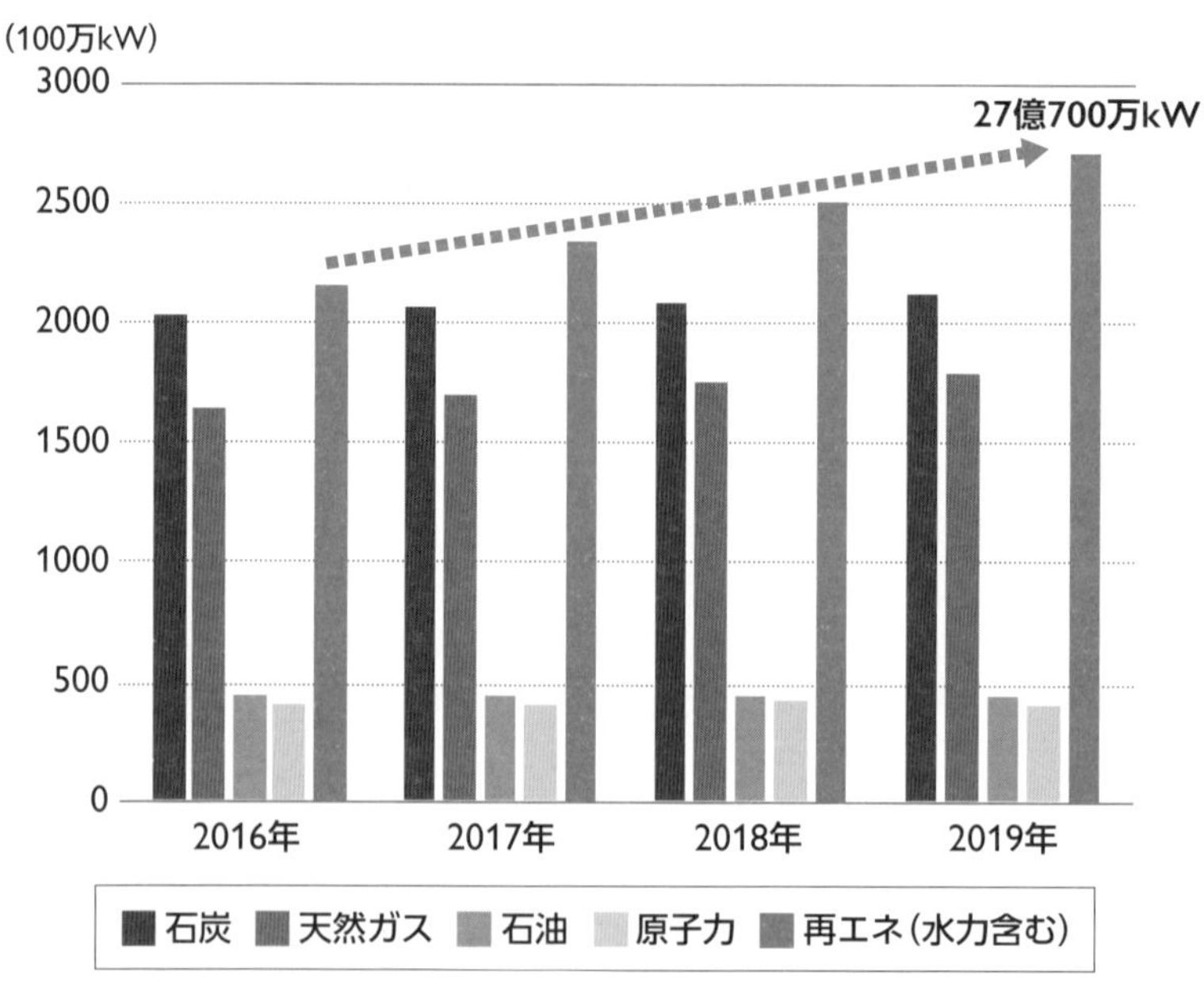

(出所) IEA『World Energy Outlook』2017〜2020年版をもとに作成

①発電量が天候に左右される太陽光・風力発電は、需要に合わせた運転(発電)ができません。このため、電力系統の需給バランス維持に課題が生じます。

②太陽光・風力発電は火力・原子力発電と比べ、エネルギー密度(発電面積あたりの出力)が小さく、一定容量の設備には広い土地が必要です。風況などの条件も求められるため、発電適地が人口の多い需要地から遠くなりがちです。

③多くの地域では再エネのコストが在来型の発電設備に比べて高く、FITのような助成措置を必要としています。いずれ助成が低減され、経済性のある電源として電力市場に統合されることが期待されています。

以上の問題は、端的には次の3つの問題に言い換

図3-17 ｜ 再エネの時間的ギャップ

図3-18 ｜ 再エネの空間的ギャップ

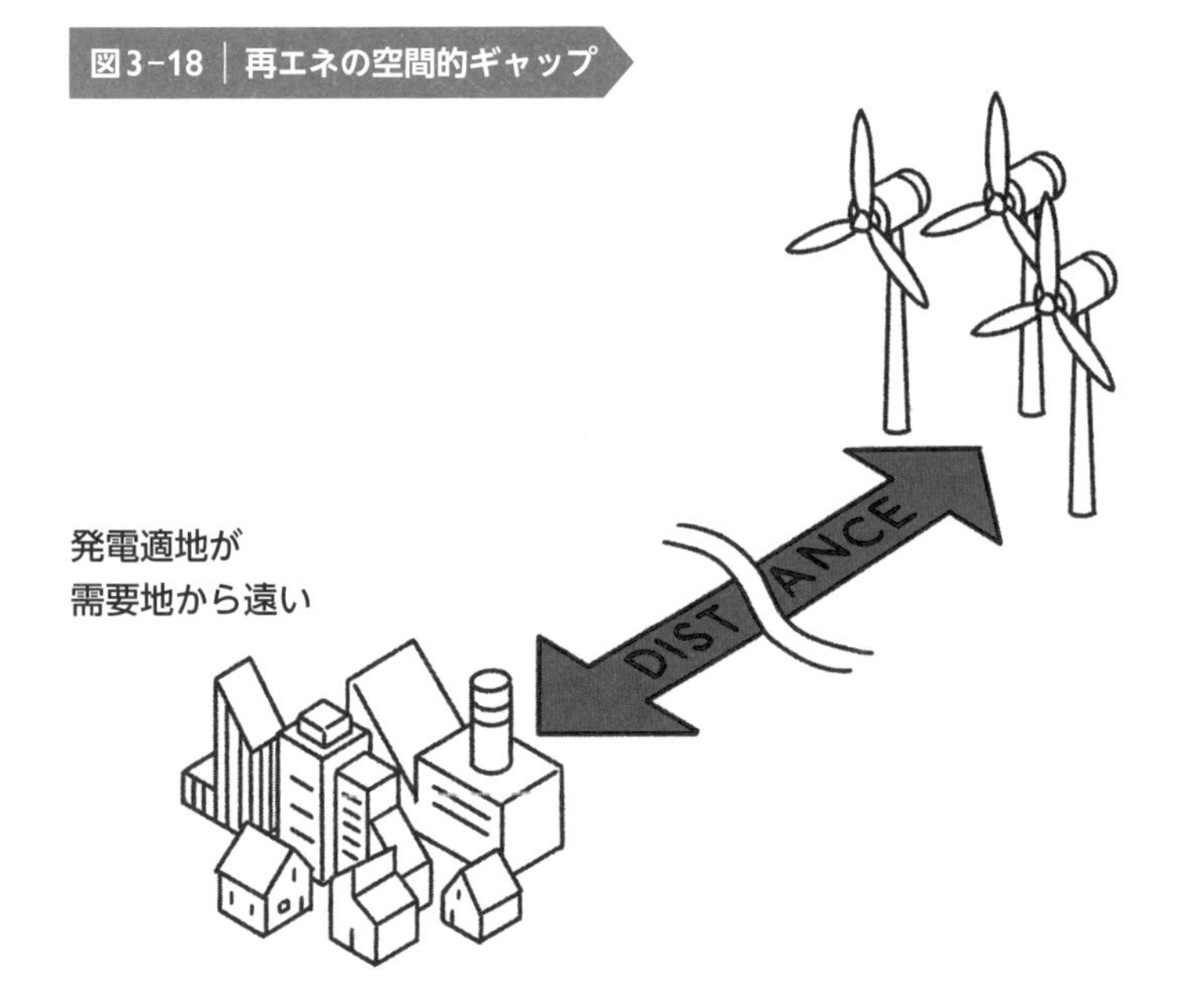

えることができます。

①再エネによる発電と需要の**時間的ギャップ**をどう埋めるか図3-17。
②再エネによる発電と需要の**空間的ギャップ**をどう埋めるか図3-18。
③再エネの**発電コストをどう下げるか**。電力市場とどのように統合するか。

課題①の時間的な需給ギャップの解決に向けては、フレキシビリティの確保が重要度を増しています。課題②の空間的ギャップに対しては、いかに需要地までの送電容量を確保するかが解決のカギとなります。

それでは次項から、それぞれの課題と解決策を詳しく見ていきましょう。

「時間的ギャップ」解消のカギ

フレキシビリティ

太陽光発電、風力発電などの自然変動電源は日射量や風況次第で発電量が変化してしまい、電力需要に合わせた発電ができません。この発電と需要の「時間的なズレ（時間的ギャップ）」を埋めるカギとなるのが、電力系統における「フレキシビリティ」の確保です。近年、各国においても大きな課題となっています。

フレキシビリティは欧州を中心に使われ始めた比較的新しい概念で、国際エネルギー機関（IEA）によると「需給の変動に応じて電力供給や消費を調整できる能力」をいいます。

その対象とする時間領域は数秒単位から月単位、数年単位までと幅広く、発電技術によっても対応可能な時間領域が異なってきます図3-19。

一般的に大型火力・水力など従来型の周波数調整力は運用上の制限も少なく、刻々と変わる電力需要への対応力（負荷追従性）に優れているため、フレキシビリティの担い手として幅広く活躍しています。これに加え近年は、たとえば「急に日が陰って太陽光の発電量が減った」といった数秒～1日単位の時間的ギャップへの対応策として、蓄電池や電気自動車（EV）、デマンド・レスポンス（DR）といった需要側エネルギー資源の活用も進んでいます。

こうしたフレキシビリティは現在、主に調整力（⊿kW、113ページ参照）がその担い手となっていますが、広義では「弾力的な燃料調達」などもフレキシビリティに含まれます。フレキシビリティは電力系統の問題と捉えられがちですが、燃料調達から需要まで——上流から下流まで、より広い視点で考える必要があるのです。

●将来期待されるフレキシビリティの担い手は

再生可能エネルギー主力電源化に当たり課題となるのは、比較的短い時間でのフレキシビリティと長い時間帯のバックアップだと考えられます。

このうち短い時間でのフレキシビリティについては、再エネ側に出力制御機能や疑似慣性力[14]を付加したり、需要側の蓄電池や電気自動車（EV）の蓄電池などの制御と組み合わせることで将来的に確保できると期待されています。この場合、フレキシビリティの担い手は、現在の大容量の火力発電所から、極めて小規模な分散型電源や需要側蓄電池にシフトしていくと予想されます。その際には分散リソースの状態をモニタリングしたり、余力を活用してフレキシビリティを提供できるようにする仕組み、その効果を認証し対価を支払うための市場などが必要になると思われます[15]。

一方でより難しいのは長い時間帯の需給ギャップ補完です。梅雨時で太陽光が1週間ほとんど発電できないような場合には、蓄電池で補うことも難しいでしょう。このため離島などで実用化されつつある再エネ主体のマイクログリッドでは、再エネと蓄電池に加え、化石燃料（あるいはバイオマス燃料）によるディーゼル発電機が併用されています。言い換えれば太陽光発電や風力発電は容量価値（kW価値）が低いため、火力・原子力発電といった他の発電技術によるバックアップを必要とするということでもあります［4章-2参照］。

次項からは需給の「時間的ギャップ」に対し現在取られている対策を見ていきましょう。

図3-19 ｜ 時間領域ごとの発電技術（フレキシビリティ）

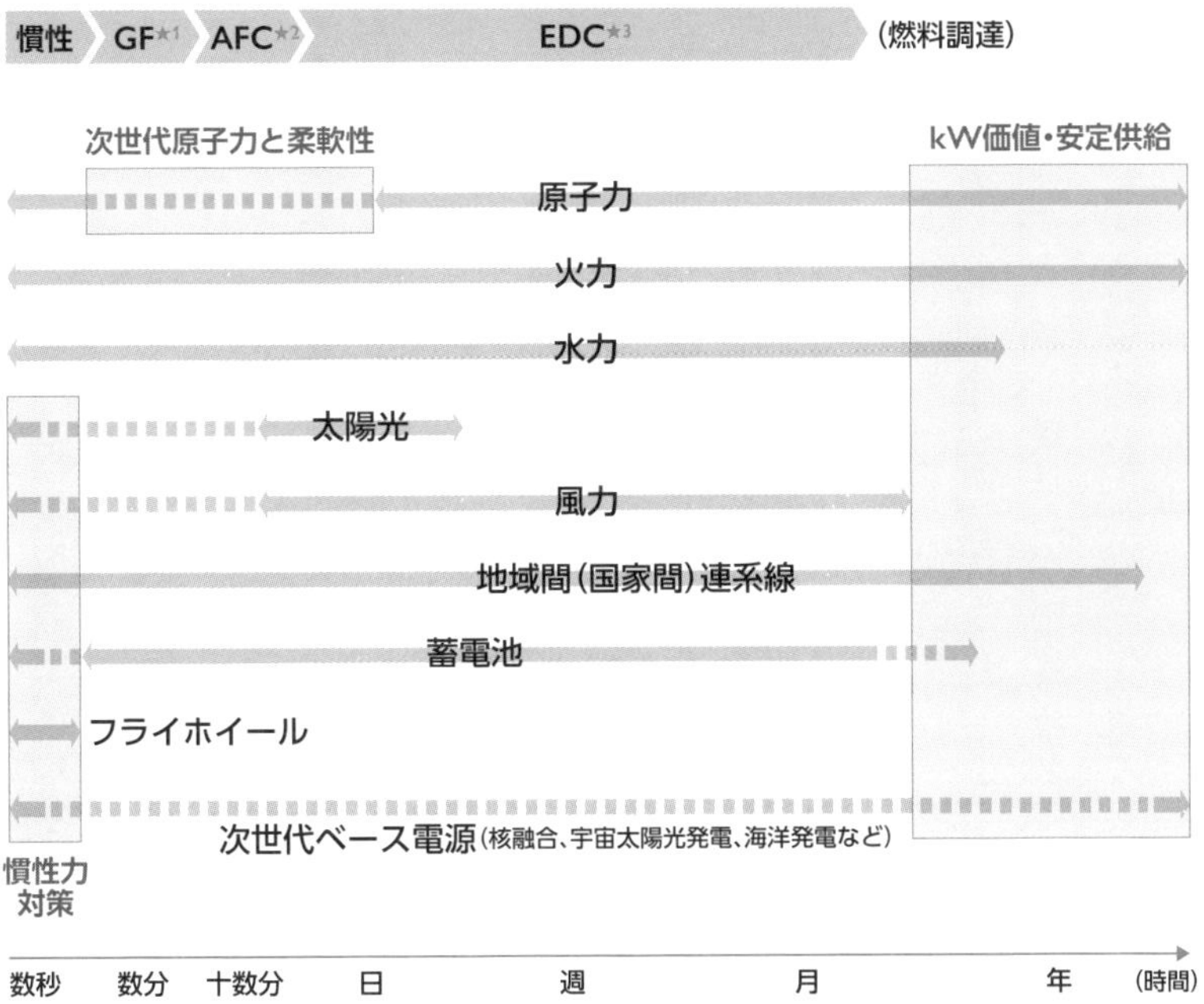

★1 GF（ガバナフリー）：周波数に応じて、調速機（ガバナ）により動力である蒸気や水量を自動で調整し、発電機出力を制御する運転方式

★2 AFC：自動周波数制御

★3 EDC：経済負荷配分制御

★4 GF、AFC機能については、蓄電池を用いて新島などで実証済み

14 インバーターや蓄電池に疑似的に慣性力を持たせるもの（148ページ参照）

15 政府はこれを受け、分散型エネルギーを集積（アグリゲート）・有効活用する「エネルギー・リソース・アグリゲーション・ビジネス（ERAB）」のための環境整備を進めています

再生可能エネルギーの「時間的ギャップ」①

短周期変動問題とは？

電力需要は生活や経済活動によって、1日単位で大きな増減のサイクルを繰り返しています。さらに細かい時間軸では数時間、数秒単位のより短い時間周期でランダムに変動します（図3-20）。こうした需要変動は、電力系統内の周波数変動を引き起こすため、現在は火力や揚水発電で短周期変動を調整しています。

ところが太陽光・風力のような自然変動電源が増えてきたことで、調整力が不足する問題が出てきています。こうした1日～数時間・数秒単位で起こる短時間の需給ギャップを、「短周期変動問題」といいます。

この問題への対応として、現在わが国では複数の一般送配電事業者による調整力の融通が進められています。

北海道電力ネットワークと東京電力PGによる事例を紹介しましょう（図3-21）。北海道地域は風力発電の適地として近年導入が進んできましたが、これに伴い道内のフレキシビリティが不足する課題がありました。一方で東京電力PGには調整力に余力があるため、北海道—本州間の連系線（北本連系設備）を介して調整力を融通（広域取引）しています。これにより北海道エリアでの風力発電連系量の拡大に貢献することができました。

図3-20　時々刻々と変化する電力需要

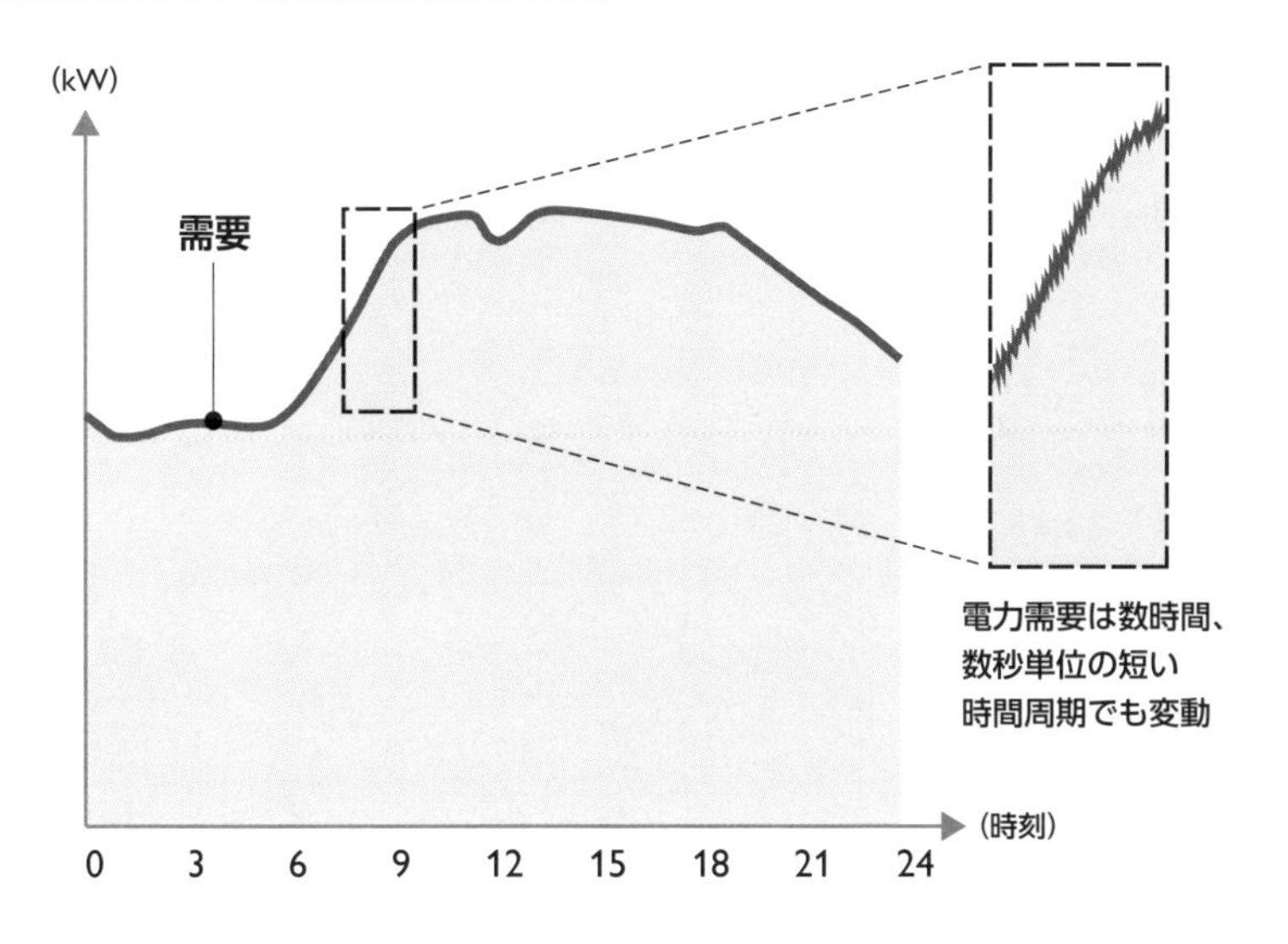

（出所）電力広域的運営推進機関第14回需給調整市場検討小委員会資料

図3-21　短周期変動に対する調整力の融通

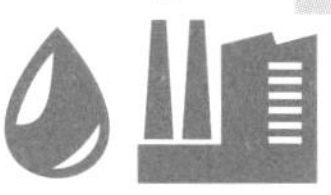

（出所）東京電力PG

再生可能エネルギーの「時間的ギャップ」②

長周期変動問題とは？

年間・月間〜1日単位で生じるより長い時間的需給ギャップを、「長周期変動問題」といいます。季節に起因する需給ギャップとしては例えば、太陽光発電の発電電力量が春季に最大を記録するのに対し、電力需要は夏季・冬季に伸びるなどのミスマッチがあります。もう少し短い時間領域では「今週は雨続きで日照が不足した」など週間レベルの需給ギャップなど様々です。

長周期変動が引き起こす問題の代表例として、調整力の「下げ代不足」問題が挙げられます。九州電力エリアで近年顕在化している問題です。

電力グリッドでは急激な需給変動と周波数調整に対応するため、通常は調整力の代表選手である火力発電の出力・台数を一定に保ち系統内に残します。

ところがゴールデンウイークなどの低需要期に太陽光の発電量が急増すると、揚水発電の動力運転を行ったり[16]、火力発電の出力を最低限まで抑制しても、発電電力が需要を上回り、調整力の「下げ代」が不足してしまうのです。

九州電力送配電はこれに対し、関門連系線を通じて本州側に最大限の電力融通を行いますが、それでも発電余剰が生じる場合、優先給電ルールに基づき再生可能エネルギーの出力制御 図3-22 を行っています。

16 電力消費を増やすために、揚水発電の下部調整池から上部調整池に水をくみ上げポンプを稼働させます

図3-22 | 再生可能エネルギーの出力制御

調整力の「下げ代不足」への対応として、再生可能エネルギーの出力制御★が行われます

●平常時

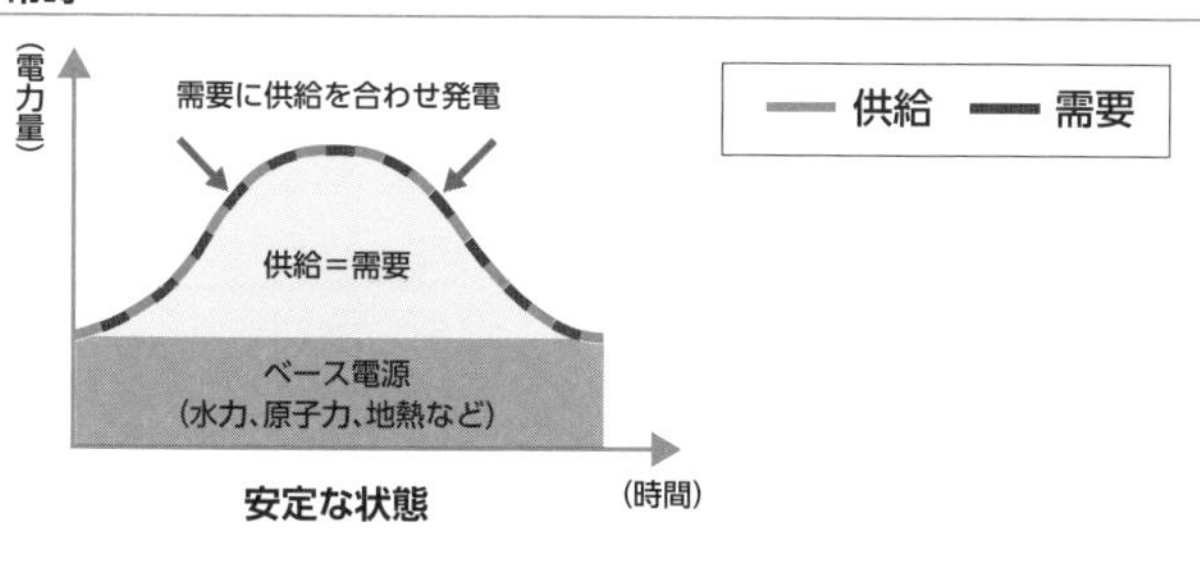

●下げ代が不足する時の例(需要が低く、晴天の時など)

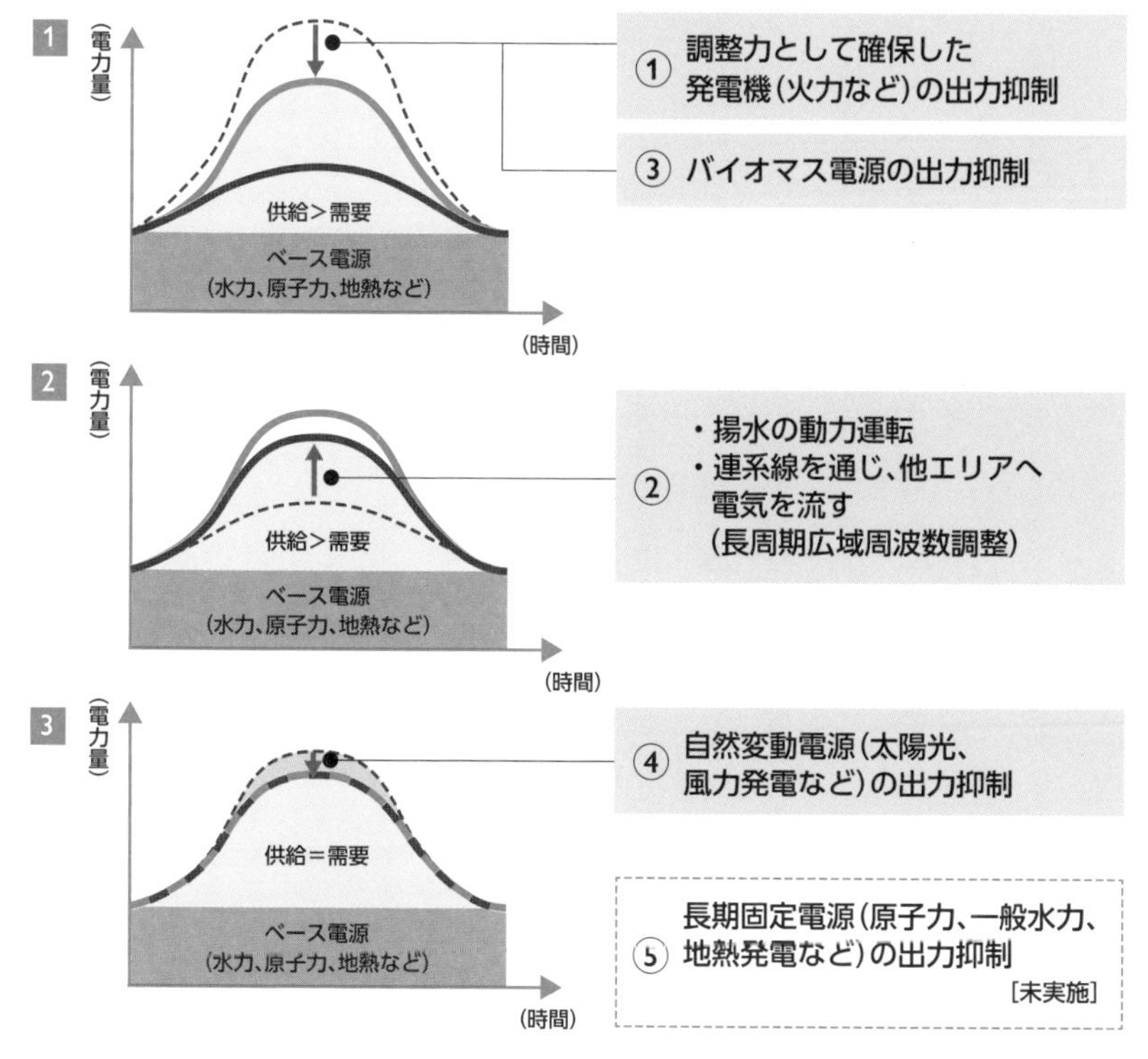

★ 電力広域的運営推進機関の「送配電等業務指針」内に定められている、優先給電ルールに基づき①～⑤の順に行われます

(出所) 電力広域的運営推進機関「送配電等業務指針」をもとに作成

再エネにも周波数調整機能を

グリッドコード

自然変動電源そのものに調整機能を求めるためのルール整備も始まりました。系統運用・電源接続のためのルール「グリッドコード[17]」の一つとして策定されるもので、北海道ブラックアウト（158ページ参照）の際、風力発電が系統から一斉解列した事象を踏まえ、国内でも議論が本格化しています。

グリッドコードは電力安定供給に支障を来さないよう、系統運用や計画、発電機の接続などについて体系化されたルールです。広義では①系統接続、②運用、③計画、④市場――の4つのコードに分類でき、狭義では①の系統接続コードを指すことが多いです。具体的に発電機に求められる系統安定化のための周波数調整機能などが挙げられます。

日本ではすでに4つの系統連系規程が整備されており 図3-23、周波数変動対策に主眼を置いたルール変更が2020年4月に行われました[18]。出力変動の調整力となる火力・バイオマスの新設電源に対し周波数調整機能を備えることを義務化するものです。さらに風力の新設電源にも、出力変動を緩和する機能を求めています。将来は太陽光など他の電源に対してもコードの策定が進められる見通しです。

欧州での法整備は国によりまちまちでしたが、欧州全域の系統要件「欧州共通ネットワークコード」に基づき、2016年、再生可能エネルギーの系統接続コード「RfG」が発効されました。EU各国は自国コードをRfGに合致させることが求められます。

図3-23 | 日本における系統連系規程

●電力品質確保に係る系統連系技術要件ガイドライン

―― 経済産業省資源エネルギー庁

電圧、周波数など電力品質維持のための事項、連絡体制を整理

●系統連系規程

―― 日本電気協会

連系検討に携わる実務者向け。電気設備の技術基準、「電力品質確保に係る系統連系技術要件ガイドライン」を具体的に示す

●系統連系技術要件（託送供給等約款別冊）

―― 一般送配電事業者

電力各社との系統連系に当たり必要な技術要件を定めたもの

●系統アクセスルール

―― 一般送配電事業者

「系統連系技術要件」に準ずる規程として実務に落とし込んだもの

（出所）経済産業省資源エネルギー庁総合資源エネルギー調査会新エネルギー小委員会系統WG第19回資料をもとに作成

17　ＩＥＡはグリッドコードを「電力システムや市場に接続された資産が遵守しなければならない幅広い一連のルールを網羅した包括的な条件であり、その制定目的は費用対効果と信頼性の高い電力システム運用を支援すること」と定義しています

18　一般送配電事業者10社の「託送供給等約款」を改訂

Column

自然変動電源と「慣性力」

自然変動電源の導入先進地である欧州などで、近年着目されているのが「慣性力（inertia）」の問題です。

需給バランスの乱れなどで周波数が一時的に低下すると、通常は火力・水力・原子力など同期発電機の回転体に蓄えられた慣性エネルギーが電気エネルギーに変換され、系統内の需給バランスを改善する方向に働きます。

[1章-2]でパワープールの慣性力を自転車の回転に例えましたが、自転車をこぐのをやめたとき急停止するのではなく、徐々にスピードが落ちるのと同じ現象です。これを「慣性力」といい、秒単位で生じる需給ギャップを埋めるのに役立っています。

ところが太陽光や風力発電は、交直変換装置（インバーター）を介して電力系統に接続されているため、同期発電機のような慣性力を持っていません。このため系統に接続する自然変動電源が増え、同期機の比率が低下すると、周波数が不安定になりやすいと指摘されています。欧州各国では早急に対処すべき課題として位置付け、慣性力のモニタリングに加え、インバーターや蓄電池に疑似的に同期機と同様の慣性力（疑似慣性力）を持たせるための技術開発などが活発に行われています。

「空間的ギャップ」解消のカギ

送電容量の増強

再生可能エネルギーの建設適地が、エネルギー消費の大きい都市部から遠く離れている問題──「空間的ギャップ」解消へのソリューションはどうでしょうか。

一つには送電網を物理的に増強する解決策が挙げられます。例えばわが国では風力発電の適地が北海道や東北地方に偏在しているため、大消費地である首都圏へと電気を送るための送電容量の増強が計画されています（北海道─本州、東北─東京の連系線増強など）。ドイツでも洋上風力発電が集中する北部から需要地に向けた多数の基幹系統増強が計画されています[19]。

もう一つのソリューションとしては、混雑管理の仕組みを導入し、既存設備の空き容量を有効活用することで再エネの導入を拡大する施策です。ここでポイントとなるのが、送電容量を確保するのに、必ずしも送電網の増強を必要としないことです。

各国で様々な方策が模索されていますが、その一つとして英国では「コネクト&マネージ」の導入を進めています。日本でもこれに倣い、新たな系統利用ルールとして「日本版コネクト&マネージ」を策定しました図3-24。

具体的には大きく次の3つの施策からなります。

①想定潮流の合理化

送電線の空き容量を、すべての電源がフル稼働

した前提ではなく、実際の利用に近い想定で算定する方法

②N－1電源制限

緊急時用に空けておいた送電容量の一部を、事故時には瞬時に遮断する条件で平常時に活用する方法

③ノンファーム型接続

送電線の混雑時には出力を制御する条件で、新規電源の接続を認める方法

日本版コネクト＆マネージは2018年以降順次導入が始まり、例えば②のN－1電源制限では全国で4000万kW[20]以上の接続可能量の拡大が見込まれるなど、一定の効果があったと評価できそうです。

19　ただし送電線建設をめぐる反対運動もあり、実現は一部にとどまります

20　2018年時点。最上位電圧の変電所のみで評価した速報値

図3－24　日本版コネクト＆マネージ

①想定潮流の合理化

送電線の空き容量を実際の稼働状況に近い想定とする

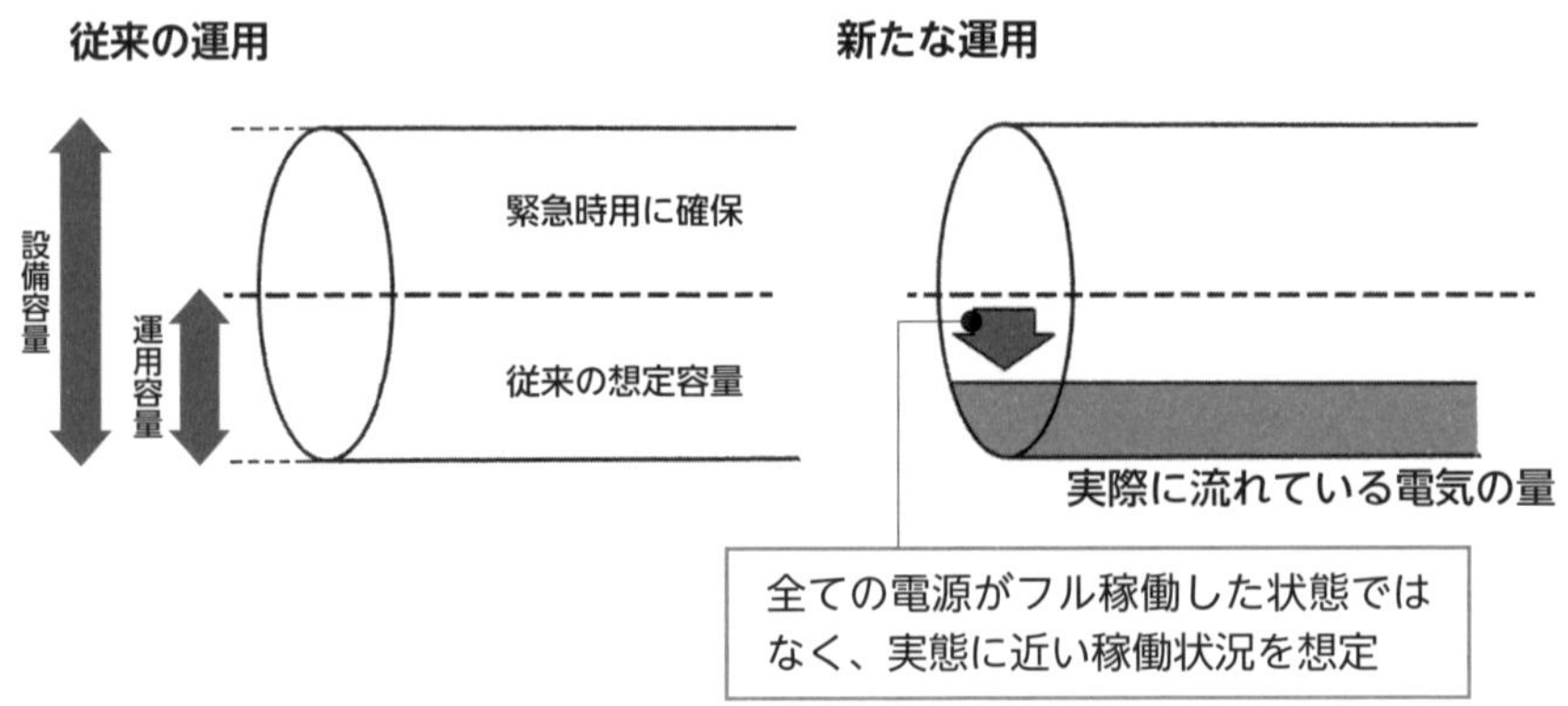

② N－1電源制限

緊急時用に空けておいた送電容量を通常時も使えるように

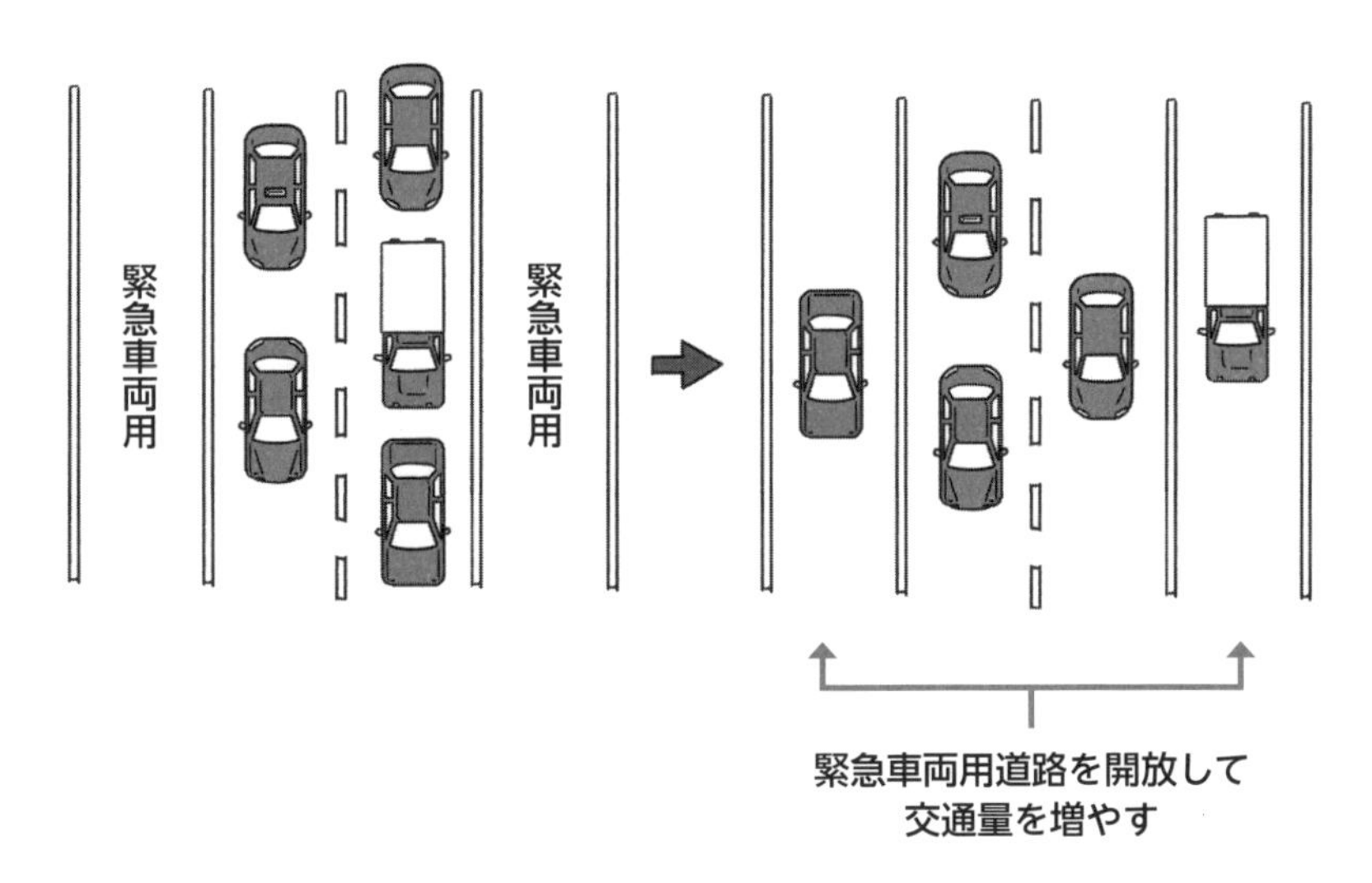

③ノンファーム型接続

送電線混雑時には出力制御することを条件に新規接続を認める

（出所）電気事業連合会『Enelog vol.30』をもとに作成

空間的ギャップ解消の事例

実潮流に基づく空き容量の有効活用

既存系統の空き容量を活用した事例として、東京電力PGの取り組みをご紹介しましょう。時間とコストを要する基幹系統の増強を行わずに再生可能エネルギー（ここでは風力発電）の早期連系を実現しました。

東電PGの千葉・房総方面の県外向け50万Vの基幹送電ルート（2ルート）では、新規連系電源をこれ以上受け入れると、送電容量を超過する（送電混雑が生じる）時間帯が出てくることが想定されていました。

系統へのアクセス基準では、基幹系統の混雑が許容されていないため、受け入れには大規模な系統増強が必要でした。しかし混雑が発生するのは年間の限られた時間帯にとどまるため、系統が混雑する時間帯には発電出力の制御を行う（発電を一時的に止めてもらう）前提で、連系を受け付けることとしたのです。

対象ルートを流れる将来の年間潮流を1時間単位でシミュレーションしたところ（図3-25）、実際に容量がオーバーするのはごくわずかな時間にとどまることが分かりました。この結果、当該基幹系統を増強することなく、500万kW以上の追加連系が可能になったのです。

系統利用者は公表される系統情報を基に自らもシミュレーションを行い、抑制時間が許容範囲であれば系統連系を申し込みます。

同様の取り組みは全国的に展開される予定です。さらなる将来の方向については、最終章で展望しましょう。

図3-25 既存系統の空き容量を活用した事例（ノンファーム型接続）

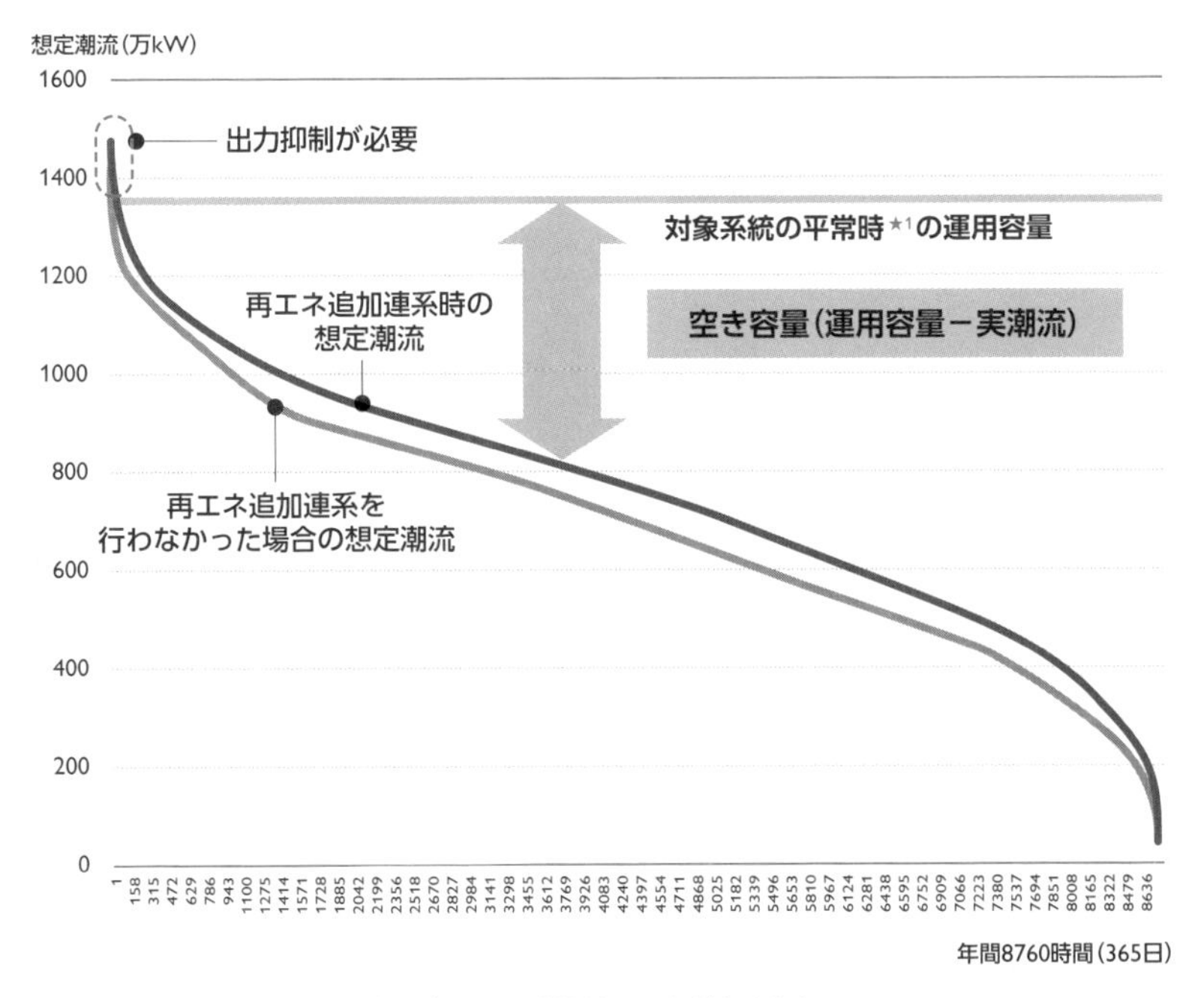

★1 関連系統の作業や事故による停止などによって低下することがあります

- 将来時点の全国の発電設備の稼働状況を推定
- 一般送配電事業者間をつなぐ会社間連系線の運用容量の範囲内で、燃料費が安い発電所から稼働すると仮定
- 年間8760時間を1時間単位でシミュレーション、潮流の大きい順に並べ替え
- 年度によっては送電設備のメンテナンスのために停止工事が行われ、運用容量が工事期間中低下する場合もある。一般送配電事業者はあらかじめ停止期間を市場関係者に早期に開示することが求められる

（出所）東京電力PGホームページ

再エネの系統連系と市場統合

発電コストの課題

再生可能エネルギー主力電源化に当たってはさらに、発電コストが競争力を持ち、同時に電力市場への統合（FITからの独立）が進むことが望まれます。「コスト」にまつわる課題といえます。

発電コストについては太陽光発電はさらなる技術革新、風力発電は大型化によるスケールメリットによりさらなる低減が見込まれています。

さらに再エネの便益を考える上では、単純な発電コスト比較ではなく、電力システム全体で必要なコストを比較する必要があります。

例えば、太陽光・風力発電が供給できるkW価値は限定的なので、他の電源等によるバックアップが必要です。また、需給変動が拡大するため、ΔkW（調整力）を他の電源や需要サイドの蓄電池から提供する必要があります[21]。

これに加え、再エネ導入によるメリット——つまり「火力発電等の燃料費削減メリット」、「二酸化炭素（CO_2）排出削減メリット」が、系統増強のための費用を上回るかという検証も必要になります。

こうした検証を経て、再エネ接続のために系統増強を行うかどうかを判断します 図3-26 。増強しない判断となれば、コネクト&マネージにより混雑管理を前提とした連系を進めます。増強する場合でも、完了まで時間を要するため、連系の際の混雑管理はやはり必要となります。

このほかバックアップ電源確保のための容量メカニ

図3-26 一時的な混雑を許容して電源の連系を進める方策のイメージ

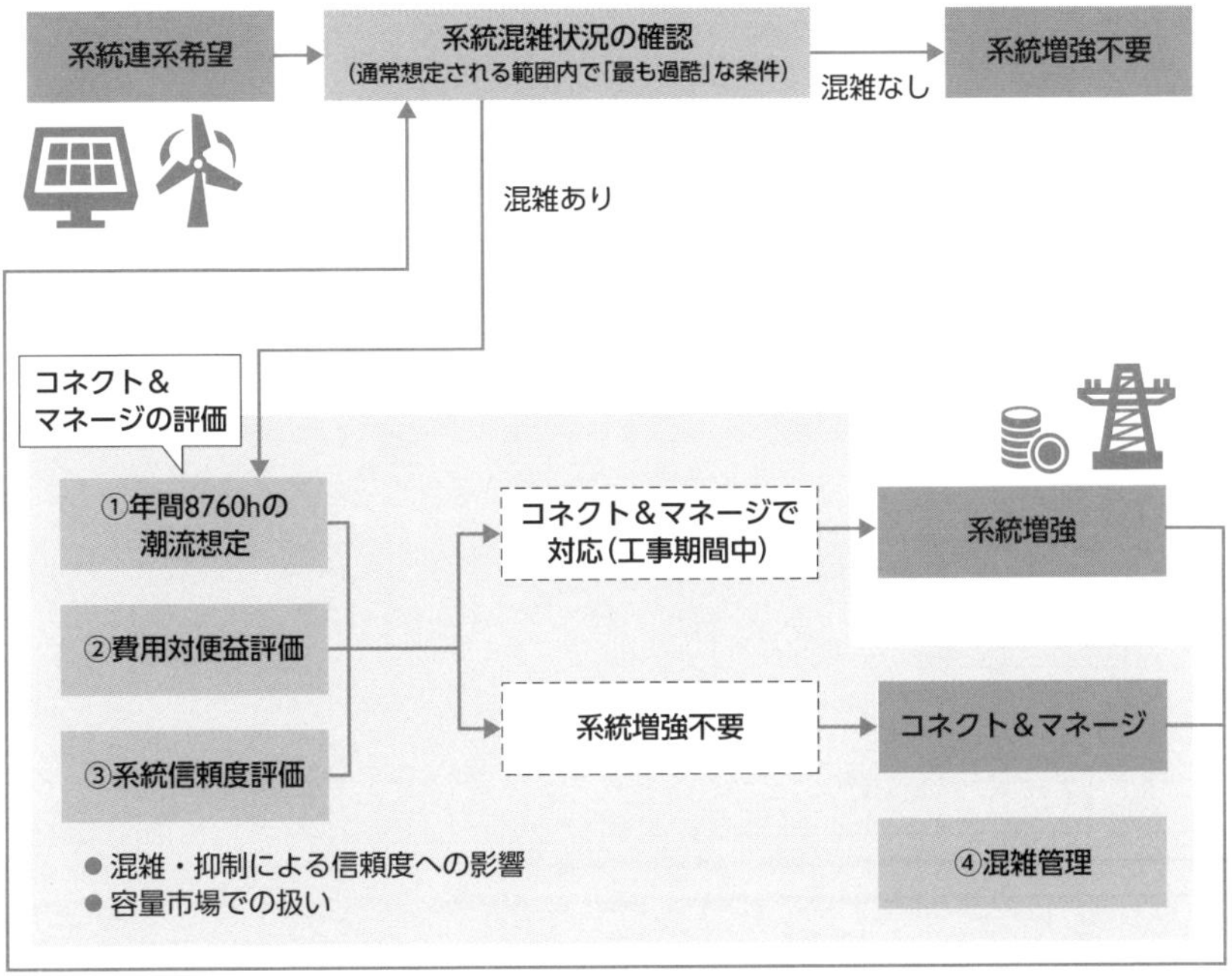

筆者作成

ズム(容量市場など)の構築、需給調整市場などΔkW提供をスムーズに行える市場の整備も重要となります。こうした施策を積み重ねることで、再エネの市場統合への道が開けてくると考えられます。

21 いずれ大量に普及する電気自動車(EV)の蓄電池から供給できれば、そのコストはそれほど大きくならない可能性があります

3-3

災害と電気事業

レジリエンスを考える

2018年（平成30年）9月6日3時7分59秒に起きた北海道胆振東部地震（最大震度7、マグニチュード6・7）により、北海道全域が停電するいわゆるブラックアウトが発生しました（同日3時25分）。もともと大規模停電の引き金となっている電力設備の損壊は局地的であったのに、なぜ全道停電に至ったのか不思議に思われた方も多いでしょう。今回の事象はいわゆる電力系統崩壊（ブラックアウト）であり、電力系統内の一部の箇所で発生した設備被害がシステム全体に波及して、機能喪失に至ったものです。戦後の電気事業体制に移行してからは、このような広域的な系統崩壊は1965年の御母衣（みぼろ）事故による関西停電[22]、1987年の東京電力エリアで起きた電圧低下による大規模停電[23]に次いで3回目の事象だと考えられます。

一方、2019年9月、超大型の台風15号により発生した千葉県での広域停電は、北海道ブラ

22　1965年6月22日、関西電力御母衣発電所付近で発生した落石事故が引き金となり、ループ運用している27万V送電線が広範囲で停止。当時の関西電力の需要規模の70％に相当する290万kWが停電しました

ックアウトと異なり広範囲で配電設備が損傷したことに起因する事例でした。

どちらも大規模停電であることには変わりませんが、事故がシステム全体に波及して引き起こされた電力系統崩壊、多数かつ広域的な設備損傷が招いた広域停電という対照的な事例ともいえます。日本は国際的にも比較的短い停電時間を誇ってきましたが、近年は災害の激甚化などを背景に広域停電が増えている実情があります。さらに再生可能エネルギーの急拡大に起因する系統制約［3章－2参照］の問題も相まって、電気の供給安定性をいかに確保していくか、電気事業のレジリエンス確保をどう考えるかという課題があらためてクローズアップされています。

ここでは主に２０１８年の北海道ブラックアウト、２０１９年の千葉・広域停電の２つの事例をケーススタディとして、電力系統のレジリエンス[24]確保について考えていきたいと思います。

23　１９８７年夏、猛暑による冷房需要の急増に供給が追いつかず系統の電圧が低下、大規模停電に至ったもの。８１７万ｋＷが約４時間にわたり停電しました

24　本来は「反発性」「弾力性」を表す物理用語。産業分野で「レジリエンス」とは、何かの衝撃でシステムが破壊されたとき、復元する能力を指します

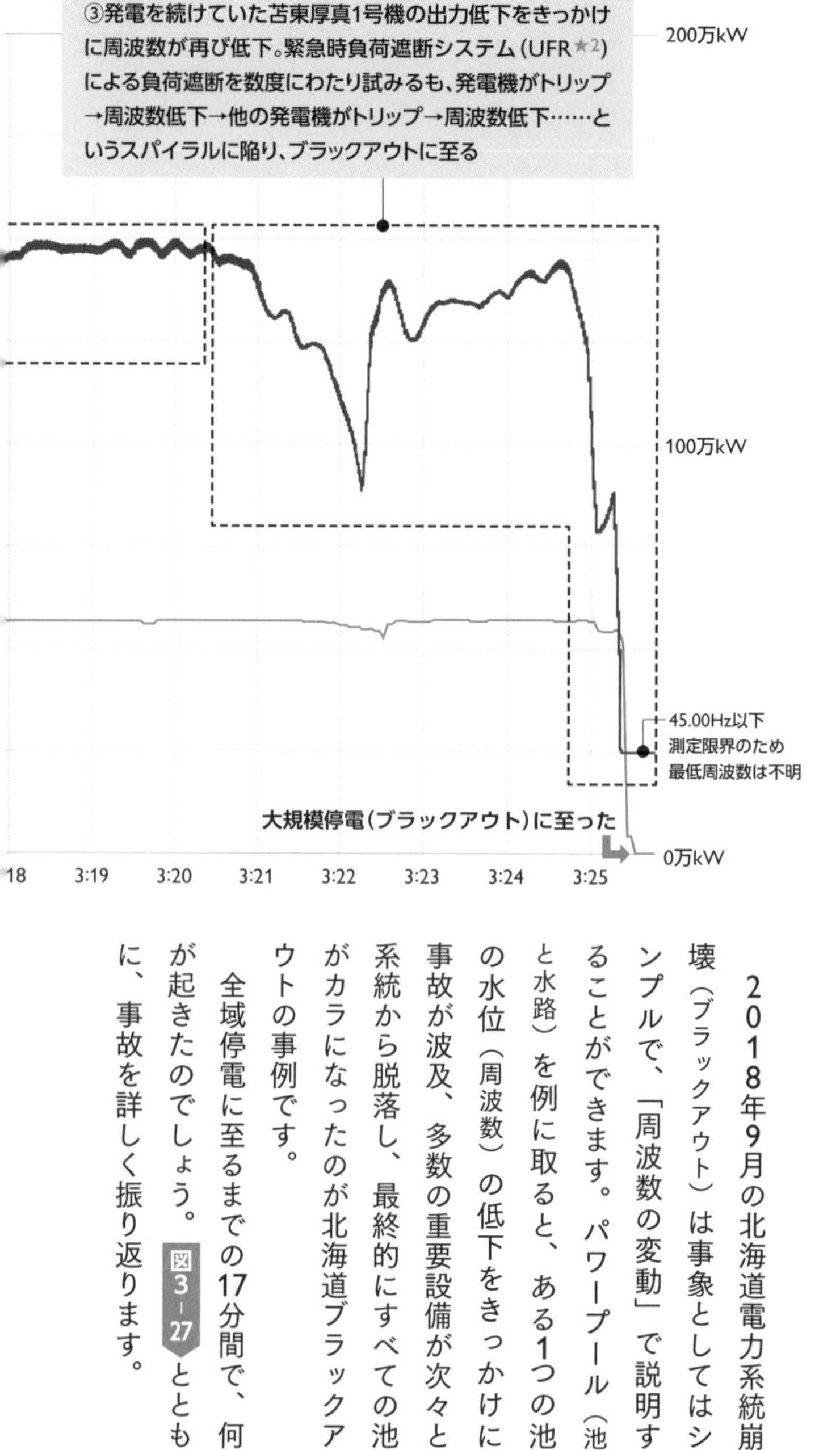

周波数変動が「全系崩壊」招く

事例検証・北海道ブラックアウト①

2018年9月の北海道電力系統崩壊（ブラックアウト）は事象としてはシンプルで、「周波数の変動」で説明することができます。パワープール（池と水路）を例に取ると、ある1つの池の水位（周波数）の低下をきっかけに事故が波及、多数の重要設備が次々と系統から脱落し、最終的にすべての池がカラになったのが北海道ブラックアウトの事例です。

全域停電に至るまでの17分間で、何が起きたのでしょう。図3-27とともに、事故を詳しく振り返ります。

図3-27 北海道ブラックアウトの時系列

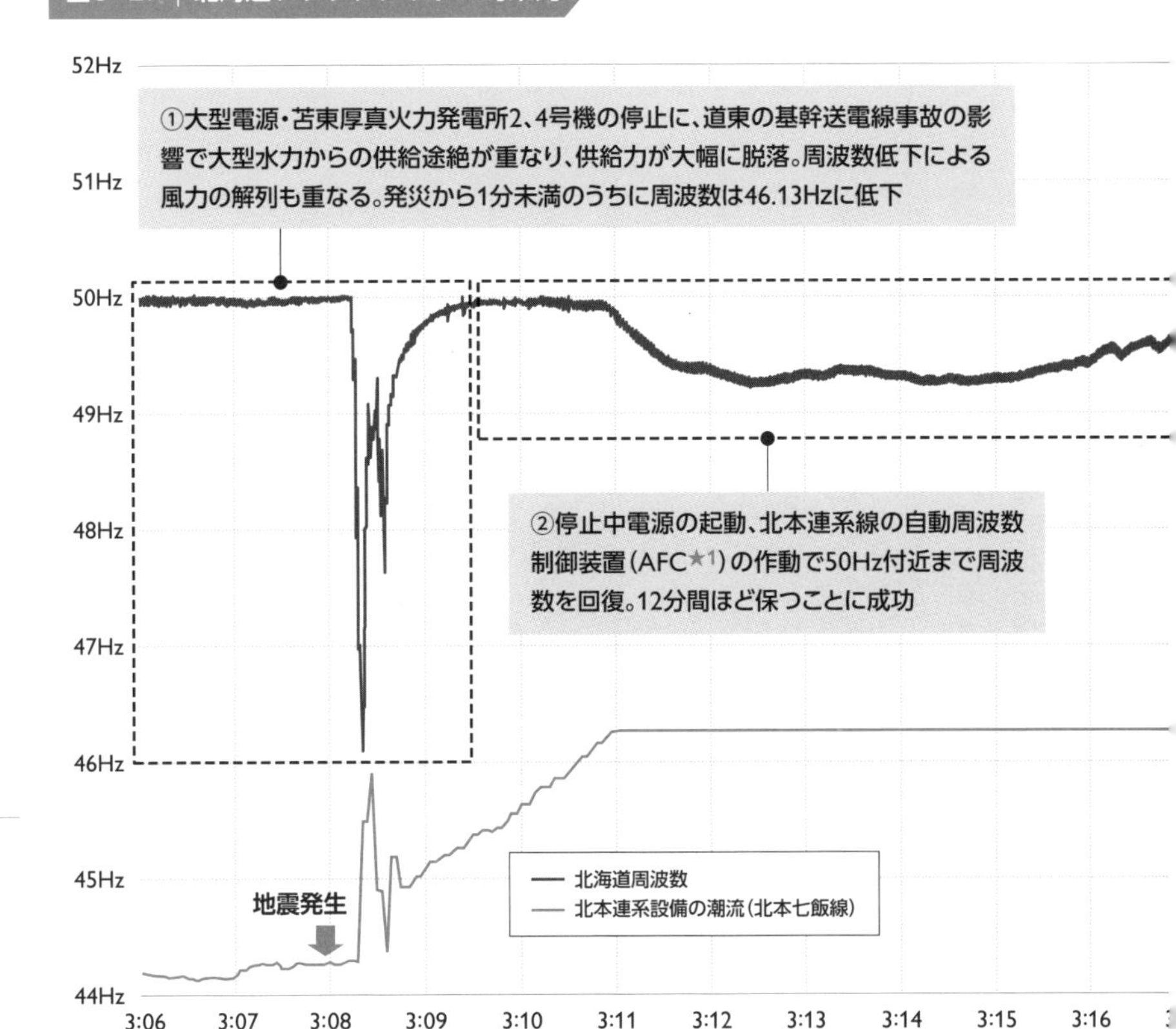

（出所） 電力広域的運営推進機関・平成30年北海道胆振東部地震に伴う大規模停電に関する検証委員会最終報告をもとに作成

〔北海道ブラックアウトの概要〕
2018年9月6日午前3時7分59秒、北海道胆振地方中東部を震源とする胆振東部地震を発端とし、同日午前3時25分、離島を除く北海道電力供給エリア全域（約295万戸）が停電。地震直前の道内の電力需要は約308万7000kWだった。おおむね全域への供給再開は9月8日午前0時すぎで、復旧までに約45時間を要した

★1 AFC（Auto Frequency Control）：あるエリアの周波数が急激に低下した際、連系線を介して隣のエリアから電力を流し需給をバランスさせるシステム

★2 UFR（Under Frequency Relay）：周波数が一定時間・一定の値を下回った場合に一定量の負荷（電力需要）を系統から切り離すシステム。負荷遮断されたエリアは停電しますが、周波数を維持し系統全体を健全に保つことで、系統全体の復旧は早くなります

グリッドの観点からのソリューション

事例検証・北海道ブラックアウト②

北海道ブラックアウトを防ぐことは可能だったのでしょうか。電力グリッドの観点から検証します。

一つにはハード面の対策として、大型電源である石狩湾新港発電所1号機（LNG、56万9400kW）、新北海道本州間連系設備（新北本連系設備）が運転を開始していれば、系統がもう少し安定性を保てた可能性が指摘されています。この点はそれぞれ2019年3月までに運転を開始し、現在は相当強靭化されたと評価できます。

もう一つはソフト面の対策で、緊急時負荷遮断システム（UFR）がもう少しスピーディーに働いていたら、全域停電に至らずに済んだとの指摘もありました。再びパワープールを例に取ると、池の水位を保つために取水（需要側）を制限するのが少し遅かったために、他の池の水位もだんだん下がり、最終的にエリア全体の池がカラになってしまった……というわけです。この点に関しても北海道電力ネットワークで、チューニング（設定）の見直しが進められました。

東日本エリアからの電力融通によって最後まで供給力を下支えした北本連系線にも課題がありました。北本連系線の「直流連系」は、片側の池の水をポンプで抜いて、それを反対側に流すような能動的なシステムです。ただ当時は「他励式」といい両側のプールに水がないと水が注げないシステムしかなかったため、ブラックアウトにより北海道側のプールに水がなくなってしまったことがネックとなりました。2019年3

図3-28 北海道エリアの系統図

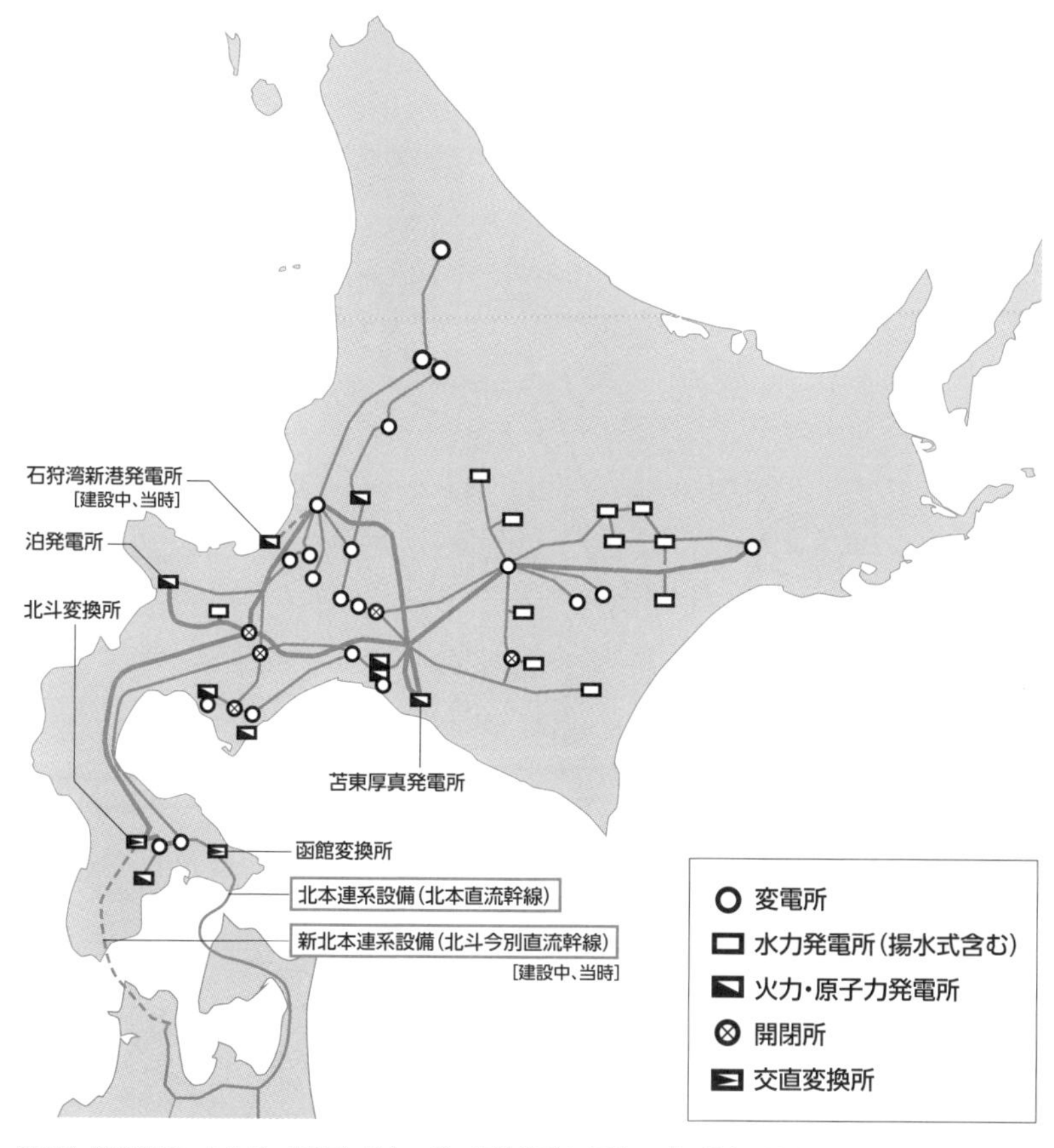

（出所）総合資源エネルギー調査会 電力・ガス事業分科会 電力・ガス基本政策小委員会/産業構造審議会 保安・消費生活用製品安全分科会 電力安全小委員会 合同 電力レジリエンスワーキンググループ（第2回）

月に運開した「自励式」の新北本連系線は、どちらかの池がカラだったとしても水を注ぐことができます。ブラックスタート、つまり全域停電からの復旧を開始する「種火」の電源としても活用できるため、レジリエンスの向上が期待されています。

図3-29 | なぜブラックアウトに至ったのか？

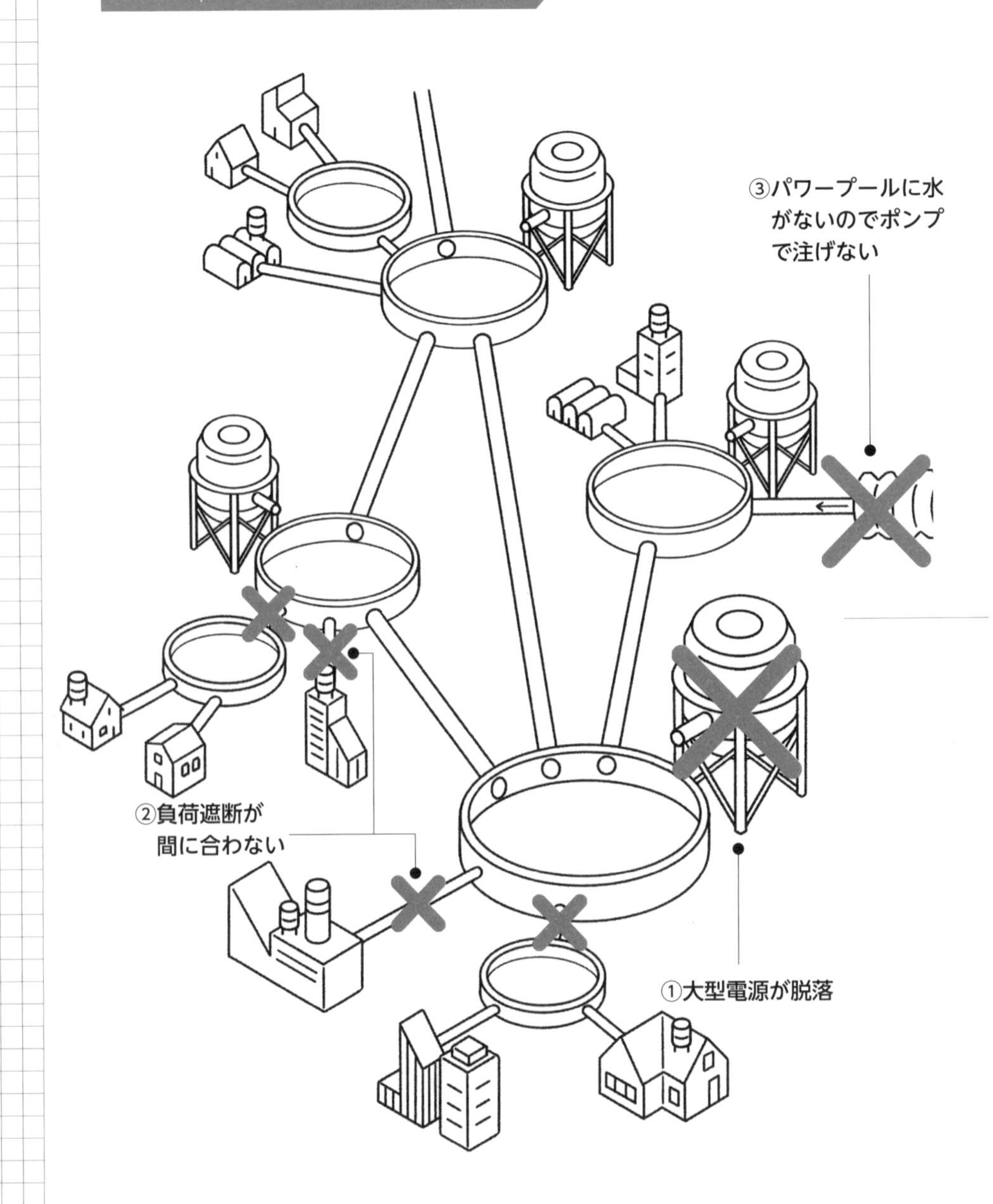

Column

全域停電からの復旧「ブラックスタート」の難しさ

ブラックアウトに陥った系統は「ブラックスタート」として供給力を戻していく必要があり、それには技術的な難しさを伴います。

パワープールに例えると、「ブラックアウト」はあるエリア内の池、水路からすべて水が抜かれてしまった状態です。停電を解消するにはここに少しずつ水を満たしていく必要がありますが、カラの池に水を注げる電源は限られています。これがブラックスタート電源です。発電機自体が水位（周波数）を調整する機能を持つ専用電源で、これで少しずつ水位を調整しながら、パワープールに水を満たしていくのです。

周波数に加え、電圧も考慮する必要があります。送電線に電気が流れていない状態から発電を始めると、急激に電圧が上がるので、ブラックスタート電源には電圧調整の機能も求められます。カラの水路に一気に水を流すと、かなりの水圧がかかりますね。これと同じことが電気でも起きるわけです。

流通設備が多数、広範囲で損壊

事例検証・千葉広域停電①

次に電力ネットワーク設備が広域的に被害を受け、広範囲の停電に至った事例として、2019年の台風15号による千葉・広域停電を振り返ります。

台風15号では強風による設備被害が多く、なかでも目立ったのは倒木による配電設備の損傷でした（被害の詳細は図3-31を参照）。

パワープールの池の水位を保つことが難しくなったのが北海道ブラックアウトとするなら、千葉の広域停電は、池と需要設備をつなぐ水路が多数、広範囲にわたり壊れてしまった事例といえます。

ところで電力各社は「配電自動化システム」を導入しています。「保護リレー[25]」で事故区間を自動で検知、ネットワークから切り離し、隣のルートから供給を自動で切り替え復旧するシステムです。落雷のような1ルート内に1カ所程度の事故時には非常に有効に働くので、国際的にも圧倒的短時間での停電復旧を実現しています。

ところが今回の台風15号被害のように1ルート上に何カ所もの事故が起きてしまうと、途端に復旧が困難になります。いちばん手前の事故を検知しても、そこから先の検知が難しいためです。事故地点へ作業員が出向き、復旧作業後に通電しても、その先にまた事故地点を検知し、なかなかルートの末端の状況を把握できなかったという例が非常に多くありました。

25　最も身近な保護リレーは屋内配線を守る「ブレーカー」で、日本では同様のシステムが電力ネットワークに広く導入されています。米国ではオバマ政権時に「スマートグリッド」としてようやく普及が進みました

図3-30 | パワープールと需要設備をつなぐ水管が多数損壊

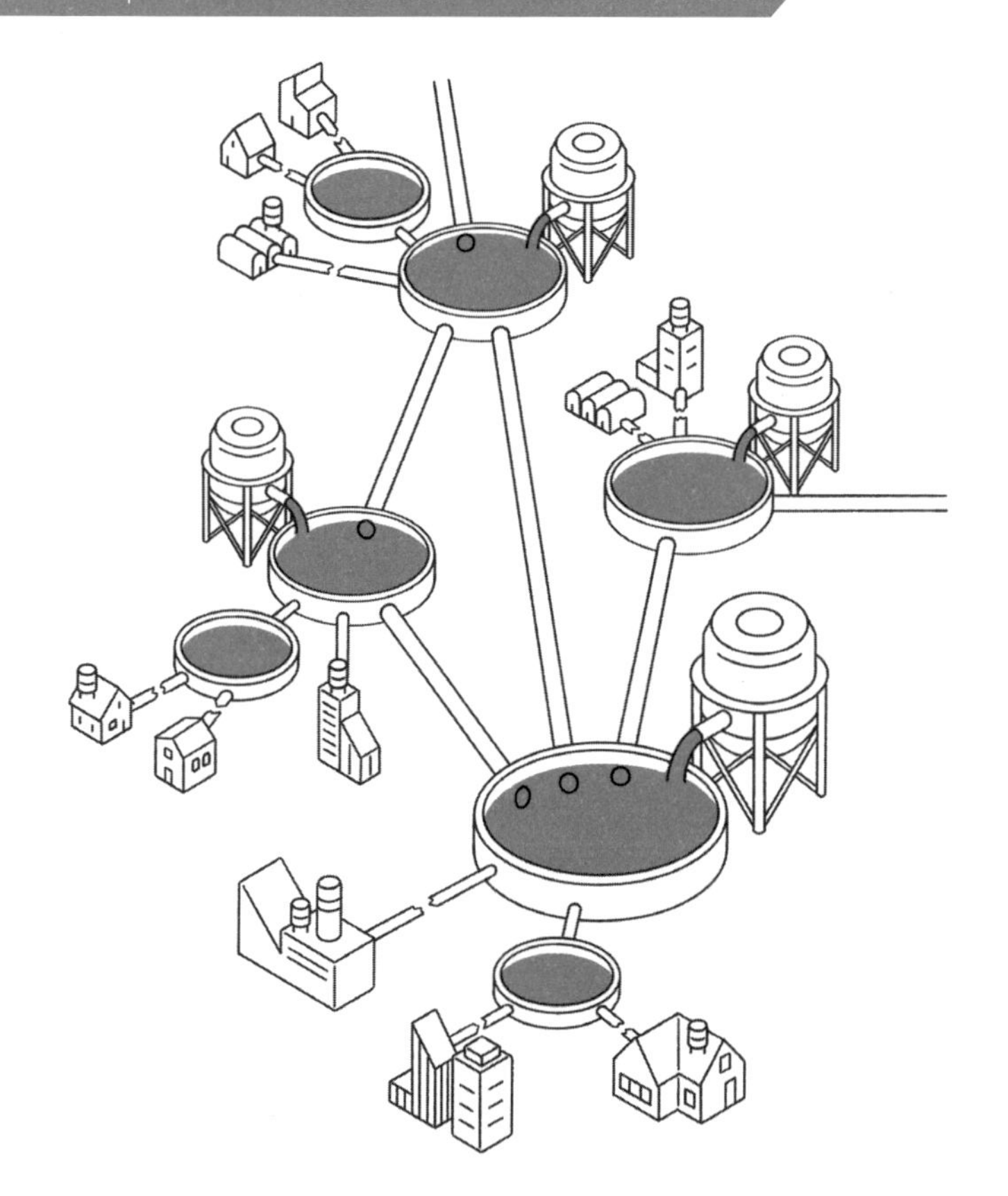

図3-31 | 台風15号の概要と被害状況

台風15号
2019年9月7日から8日にかけ小笠原近海から伊豆諸島付近を北上した後、9日午前5時前、中心気圧960hPaと強い勢力で千葉市付近に上陸。伊豆諸島や関東地方南部を中心に猛烈な風・雨となり、特に千葉市では最大瞬間風速57.5mを観測するなど多くの地点で観測史上1位の最大瞬間風速を記録する暴風となった
東京電力PGエリアの設備被害
鉄塔2基、電柱約2000本が倒壊・折損
東京電力PGエリアの停電状況
最大停電件数は約93万4900件。復旧困難地域を除き停電解消に約16日間を要した

事例検証・千葉広域停電②

台風15号の教訓と対策

台風15号の教訓を簡単にまとめると、以下の3点に集約できます。

①事前の体制構築が不十分だった

◎他電力からの応援要員に対する指揮体制が確立されていなかった。電源車の把握・指揮をとる要員も不足し、病院・避難所への電源車配備時すでに停電復旧していたケースも

◎支社・事業所単位での非常態勢だった

②全容把握に時間を要した

◎通常の事故時同様、保護リレーシステムを活用した復旧を試みたがむしろ全容把握に時間がかかる要因に

◎短時間で広範囲の事故発生となったため、事業所の巡視要員のみで状況を把握しきれなかった

◎倒木・土砂崩れなどで進入困難なエリアが多数あり、ドローンの活用が期待されたものの、操縦者が不足し十分に活用できなかった

③工事力の有効活用ができなかった

◎全容把握に時間を要したため、他電力や協力企業を含めた工事力の最適活用が困難に

こうした反省点を踏まえると、打つ手は以下の3点に集約されます。

①激甚災害時の復旧方針の整備と体制構築

◎復旧方針をあらかじめ決めておく。例えば通常は本復旧を進めるところ、広範囲・多数の設備

図3-32 ｜ 台風15号の被害

2019年台風15号による被害で倒壊した鉄塔

倒木に伴う配電系統への被害も甚大だった

トタン屋根が飛来した事例も……

（提供）東京電力PG

損傷があった場合、すべて仮復旧で対応

②社外の連携強化（**他電力、自衛隊・自治体・国土交通省など**）

◎自治体を通じた自衛隊への倒木処理の要請に時間を要した反省などを踏まえ、国や自治体との連携を強化

◎設備復旧に時間を要すると判断した場合は電源車を配備（倒木、土砂崩れ、道路寸断などの先に避難所や病院がある場合、特に復旧を急ぐ必要がある）。そのための電源車支援チームも事前に設置

◎高圧線復旧を優先し低圧復旧に時間を要した反省点を踏まえ、被災当初から工事会社等を投入

③デジタル技術の活用

◎ドローン、人工衛星、センシング技術を活用し、被害状況をスピーディーに把握（低圧停電箇所の特定にスマートメーターデータを活用。部門横断の復旧班内にドローン機動チームを結成）

◎人・モノなどのリソースを最適活用

台風15号を経た2019年10月12日には、豪雨を伴う台風19号による被害もありました。東電PGエリアでは最大約43万5600件の停電が発生したものの、15号の教訓を生かし、復旧に要した時間は約5日間と3分の1程度に抑えることができました。

Column

電線地中化は災害への特効薬？

台風15号では強風による倒木や飛来物で電柱が多数損傷したことを受け、「電線を地中化すれば被害をより小さく抑えられるのでは」との意見も聞かれました。

電線地中化も一つのソリューションではありますが、今回のような台風ではなく水害や地震などの災害を想定した場合、むしろ事故点の探索と復旧に時間がかかるデメリットもあります。物理的に地面を掘り起こして事故地点を修復し、また埋設するという作業が必要になりますから。そもそも建設に時間とコストがかかるといった課題もあります。

対応するべき災害が、風か、地震か、はたまた水害かと考えるとそれぞれに適したソリューションがあります。従ってどのような設備形態をとるにせよ、万一の設備損傷に備えたリスク対応を考える必要があります。また地域の景観や街づくりといった観点も踏まえ、地中か架空かを総合的に検討していくのがよいのではないでしょうか。

レジリエンス向上にかかる期待

マイクログリッド

今世紀に入って、激甚化する自然災害による大規模な停電が頻発しています。系統電力の停電に備え、需要家構内の電力システムを外部系統から切り離し、非常用発電機や蓄電池によって構内だけに電力を供給する場合もあるでしょう。これは特定の需要家構内だけを自立運転する最小単位のマイクログリッドといえます。非常用の発電機や蓄電池は、外部の電源に頼らずに停電状態から起動して自立運転でき、しかも需要変動に対して強いという特徴があります。

この範囲をさらに他の需要家まで広げれば、系統電力の停電時、ある地域のグリッドを電力会社の主系統から切り離し、そのエリアの分散型エネルギーを非常用のネットワークを通じて、地域内の需要に供給することが考えられます。ネットワークの冗長性[26]を確保する必要があるほか、一定量の蓄電池と需給調整用のエネルギーマネジメントシステム（EMS）を導入するなどコストはかかりますが、地域のレジリエンスを格段に向上できます。

また常用の配電ネットワークのうち、事故で停止している以外の健全区間を活用して、地域内の分散型エネルギーと特定の需要をマッチさせることができれば、ネットワークを冗長構成にする場合よりも信頼度は落ちるものの、より安価に非常時用のマイクログリッドを構築できる可能性があります。現在の配電ネットワークは、あらゆる区間を自由に切り替えられるように設計されていませんが、将来的には、多くのセンサー

図3-33 マイクログリッドによる地域のレジリエンス向上

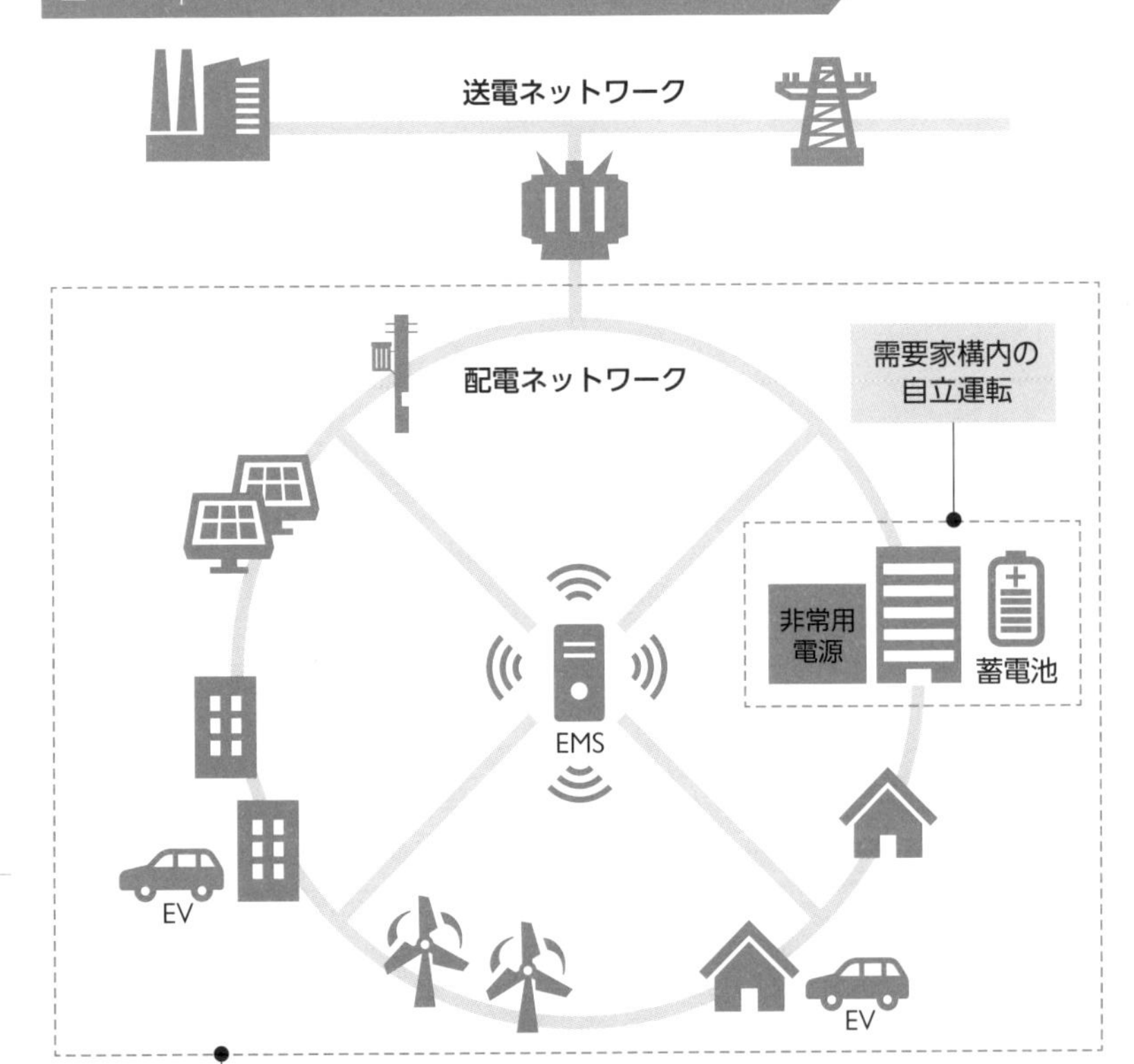

筆者作成

を配電ネットワークに組み込んで、停電時などに動的にマイクログリッドを構成すること（配電ネットワークのアクティブ化）も実現できる可能性があります。

分散型エネルギーの活用などで地域のレジリエンスを向上させる方法は、いくつか考えられますが、このように配電ライセンスの新設という電気事業法の改正とも相まって、地域ニーズにあわせた取り組みが進められていくことでしょう。

26 社会インフラやシステムに対して使われる場合、余裕のある状態や二重化などで信頼性・安全性を確保した状態を指します

適正な予備力はどう決める?

設備の「冗長性」

電気は供給途絶が許されない商材であるため、ある程度余裕をもって設備を準備する必要があります。ここからは電気の供給安定性を保つための設備の冗長性について考えてみたいと思います。

発電設備の場合、出力（kW）ベースで最大電力の8~10%の予備力[27]を確保することが求められていました。数年前までは電力需要のピークは「夏の昼間」と相場が決まっており、予備力も真夏のピーク時間帯を基準に算定されていました。一方で近年はピークの季節・時間帯が複雑化する傾向があり［1章-2参照］、電力広域的運営推進機関（広域機関）により予備率算定の高度化が行われています。

具体的には電力需給のシミュレーションを、1年間のすべての時間（8760時間）ごとに、何万回も確率的に条件を変えながら行うのです。需要の変動要因として気温や景気動向を、発電側の変動要因としてやはり気温（気候）とそれに伴う発電出力のブレ、設備トラブルの実績などを勘案します。どのような条件でどの程度供給力が不足するか算出し、これをもとに予備力を確保するのです。

同様に電力系統にも、冗長性を保つための「N-1（エヌ・マイナス・イチ）基準」図3-34があります。設備総数を「N個」としたとき、1つ欠けても（「N-1」の状態）残りの設備で電力供給を継続するための基準です。基幹系統では国際的にもこの基準が広く採用されています。

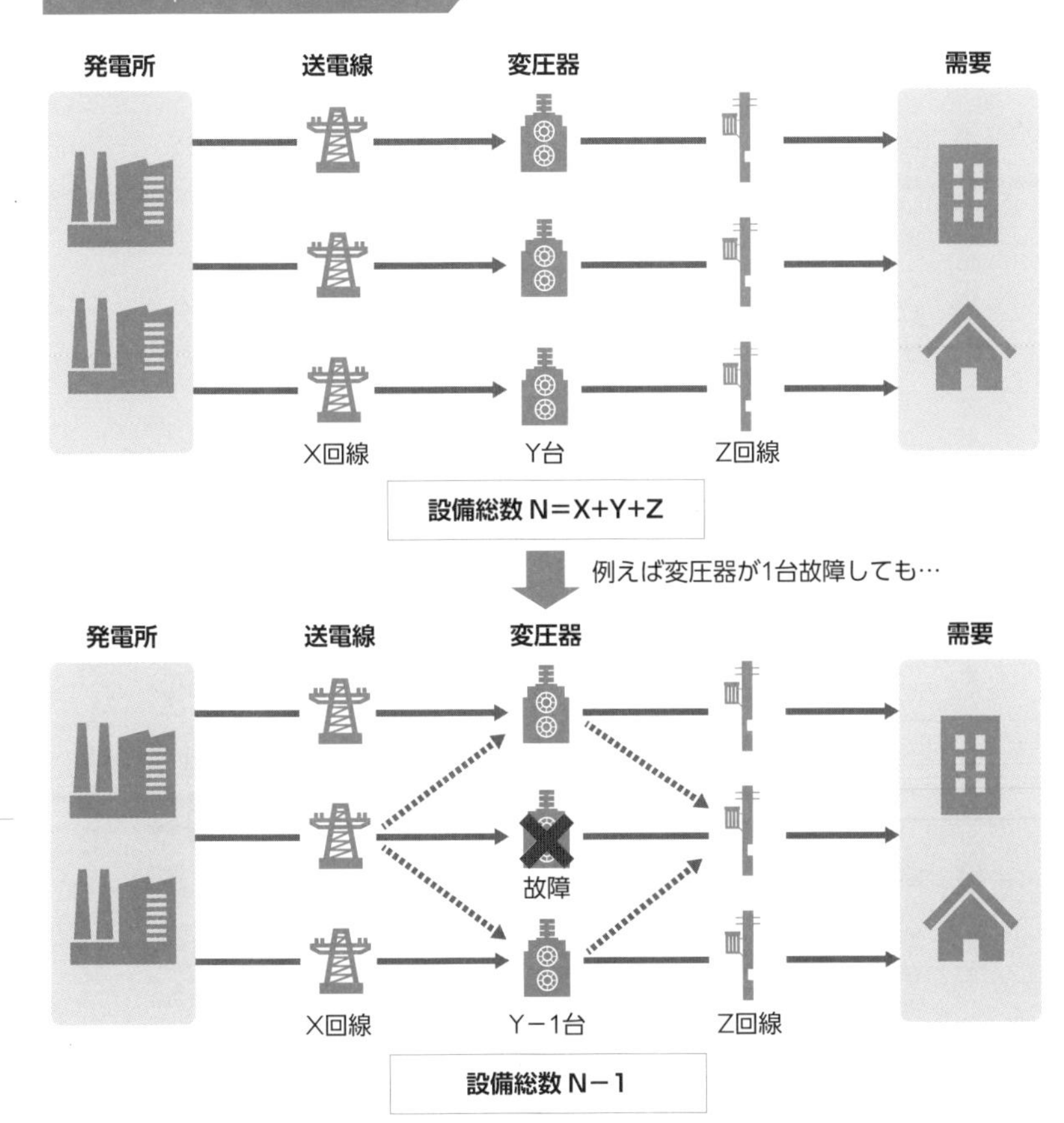

（出所）岡本浩・藤森礼一郎著『Dr.オカモトの系統ゼミナール』

どのような事象に備え、どこまでコストをかけるのかは慎重に判断する必要があります。社会的な合意も求められるでしょう。そのための発電予備力の算定、送配電設備の「N－1基準」があるといえます。

27 ある時点で予想される最大電力より多く保持する供給力

信頼度を維持するために

アデカシーとセキュリティ

停電時間をなるべく短く、狭い範囲、少ない頻度にとどめるための指標を、電気事業では「供給信頼度」と表します。供給信頼度を維持するための枠組みは大きく「予防（アデカシー[28]）」と緊急時の「対策（セキュリティ）」に分けられ、次のような対策が取られています。

まず停電の「予防策」としては、大きく以下の3つが挙げられます。

◎発電・送電設備は一定の裕度を持って造る
（適切な予備力を持つなど）

◎設備の停止時期の調整
（発電所の定期検査に合わせて送電設備を停止するなども含む）

◎系統・発電所の状態を監視
（設備のモニタリング、予防制御など）

それでも万が一の緊急時には、以下の対策を実施します。

◎まず事故箇所を遮断

◎負荷遮断、発電機停止（解列）・緊急制御、一部ネットワークのマイクログリッド化

◎停電してしまったら、復旧。その際に分散型エネルギーも活用

電力系統のトラブルや非常事態には、部分的な負荷遮断や発電機の停止で系統全体の周波数が下がるのを防ぎます。さらに必要に応じ一部ネットワークをマイクログリッド化するなどして、電力系統崩壊（ブラッ

図3-35 それぞれ「火事」に例えると？

●アデカシー

適切な予備力

耐火・防火構造に

●セキュリティー

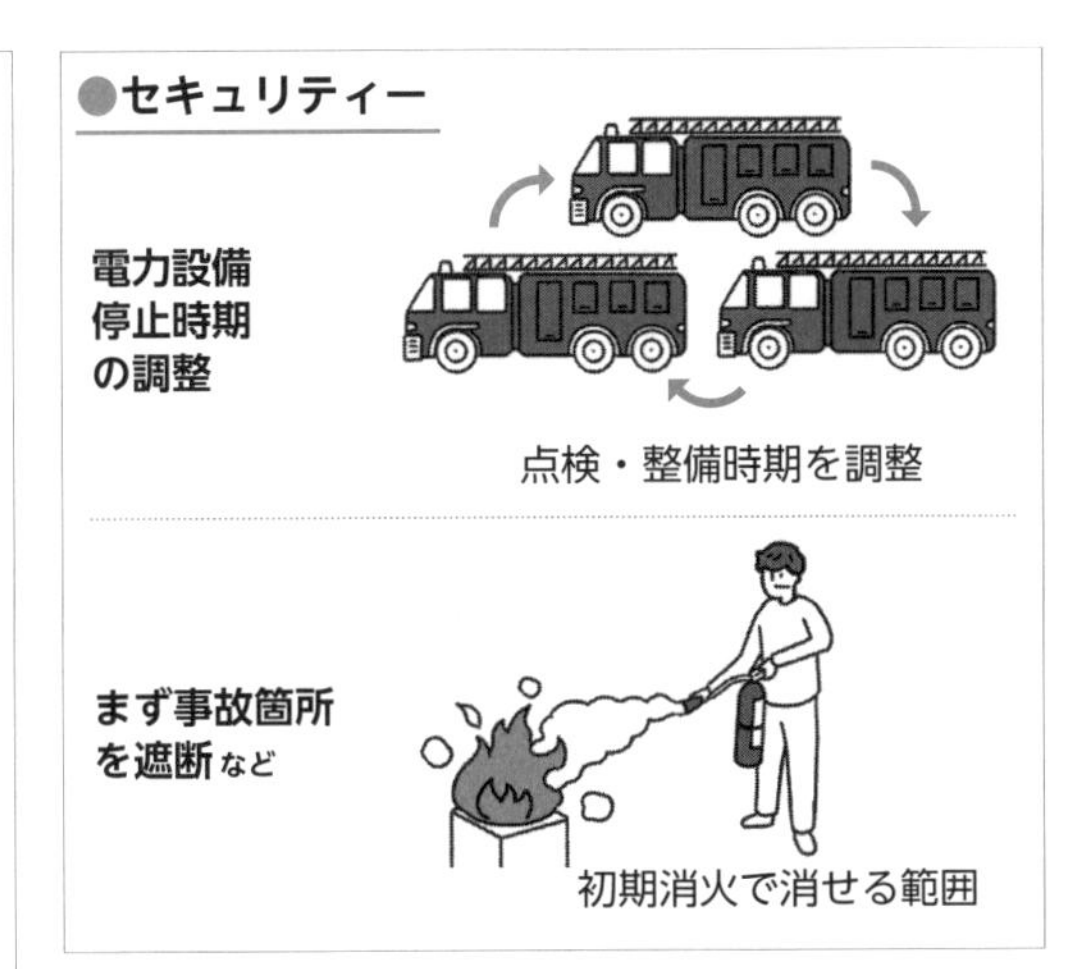

●緊急制御

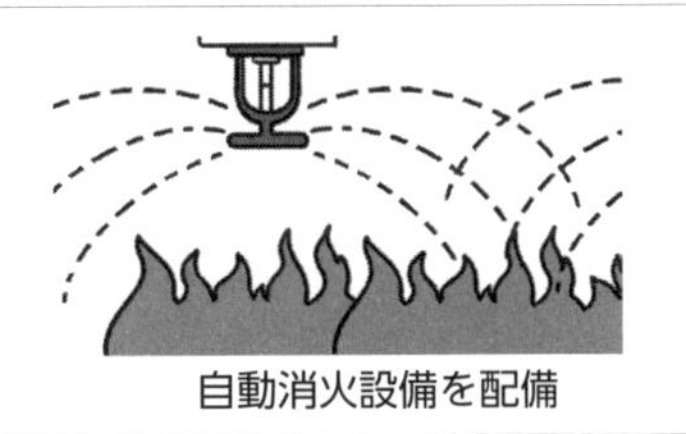

自動消火設備を配備

●レジリエンス

停電予防に加えて停電復旧の早期化

クアウト）を防ぎます。火災に例えると出火したとしても被害が最小限にとどまるよう、パッと消火するイメージです。こうした対策を行っても広域の停電が免れなかった場合は、停電からの復旧に臨みます。

28 Adequacy：直訳すると「適切」「妥当」という意味

Column

再生可能エネルギーと
レジリエンス

前項で詳しく紹介してはいますが、最後に再生可能エネルギーについても申し添えておきます。

再エネの拡大に伴い、停電時にこうした分散型電源をどう役立てるか、注目が集まっています。自宅の屋根に敷設した太陽光発電などは災害時、「自立運転モード」に切り替えることで停電していても電気が使えるようになるなどのメリットがあります。

一方、課題としては、北海道電力系統崩壊（ブラックアウト）の際も指摘されたのですが、例えば周波数の変動があった場合、周波数調整機能を持たない太陽光・風力発電などはすぐに発電を停止してしまいます。系統内で周波数が下がったところでさらに発電を停止するため、さらに周波数が下がり、リスクも大きくなります。

これを受け系統運用・電源接続のためのルール「グリッドコード（**146ページ参照**）」でも、再エネに対しネットワーク安定化のための機能を求める方向となりました。まず東京電力PGをはじめ一般送配電事業者による託送供給等約款の改訂が行われ[29]、その中の一つとして風力の新設電源に対し、出力変動緩和の機能を備える技術要件が盛り込まれました。将来的には太陽光など他の再エネ電源に対するコード策定も進められる見通しで、系統の安定化という観点でも再エネの貢献が必要になります。

29　2020年4月適用

ATAKA KAZUTO

Special

対談

シン・ニホンのエネルギーを語ろう

OKAMOTO HIROSHI

岡本　浩 対談 安宅和人

政策議論の場や講演、メディアでの発信などを通じて、日本再生、地域創生や教育に関する数多くの提言を続ける安宅和人氏。ベストセラーとなった近著『シン・ニホン　AI×データ時代における日本の再生と人材育成』(NewsPicksパブリッシング、2020年2月)では日本再生へのロードマップを産業・インフラ、教育、社会システムのあらゆる角度から示し、大きな反響を呼んだ。岡本氏が描く電力グリッド・エネルギーシステムの将来像と、安宅氏の「シン・ニホン」構想が交わるとき、立ち現れる未来とは——?

Part

1 データ×AIドリブン時代の電力システムとは

『シン・ニホン』から──→①データ×AI化へのキャッチアップが日本を救う

コンピューターや情報科学の進化、ビッグデータ時代の到来で、人類は歴史的な革新期を迎えている。安宅氏はビッグデータとAI(人工知能/機械知性)によって情報処理や業務遂行を自動化する「データ×AI」化があらゆる分野、機能で進行し、社会変化が爆発的スピードで起きる局面にあると指摘する。

一方、データ×AIにおける「第一のフェーズ(創生期)」はほぼ終盤に差し掛かり、ここで日本は出遅れたと指摘する安宅氏。しかし日本の勝ち筋は「第二のフェーズ(様々な応用と出口産業での成功)」、「第三のフェーズ(複合的な生態系=エコシステム[1]構築)」にあると説く。そのためには人材、データ活用/処理力、リソースなど多方面でデータ×AIに順応する組織へとブラッシュアップを図り、今またゲームチェンジを仕掛けるべき─かつて高度成長期に自動車や家電、交通システムなど多彩な出口産業で「ジャパンブランド」を築いたように、と言明する。

1 エコシステム:「生態系」の意。ビジネス分野では「企業や顧客をはじめとする多数の要素が集結し、分業・協業する共存共栄の関係(総務省より)」を指す

「シン・ニホン」とシンクロする電気事業

岡本 『シン・ニホン』を拝読し、今まさに電気事業で起きていることと、描かれている未来像には重なる部分が相当あると感じました。

電気事業は「システム・オブ・システムズ」の構造で、発電や送配電など、それぞれの役割で複雑なシステムが構築され、その集合体が電力システムとなっています。さらに視野を広げれば、電気もガスや石油などを含めたエネルギーシステムの一部です。社会・経済という大きなシステムの姿が変われば、その基盤となるエネルギーシステムも変わるし、逆に、大きなシステムの一部であるエネルギー供給、電気事業の在りようが変わることで、社会全体の変化を引き起こすこともあると考えています。ちょうど今、そうした変革が大きく動き出している。

安宅　「Utility3.0」という表現で、まさにそのあたりの電気事業や社会の変化について提言されていますね。

岡本　最近は技術革新そのものが電気事業を変え始めています。核心となるのは「分散化」です。電気事業が始まった時点では設備投資や運用の面、どこをとっても規模の経済性が強烈に働くので、エジソン以来１００年以上にわたって大規模化・大容量化の方向で事業を続けてきた。これが「Utility1.0」の時代ですが、電力ネットワークがある程度全国に行き渡ったこともあり、発電と小売の部分に競争を導入し、サービスや価格での向上を図ろうとしています。この状況を「２・０」と定義しています。今の日本の状態です。

こうした中で、太陽光発電や蓄電池など、分散型電源システムが技術革新によって性能が大きく向上したこと、加えてＩｏＴを活用した新しいサービスが分散システム側に入り始めたことで、初めて「大きな電力系統プラットフォーム」と「分散システム」との運用のあり方に、新たな可能性が見えてきた。大規模システムによる一方向の送電から、より需要家側で構成する分散システムと大規模システムとの間で双方向の電気の流れが起こりうるということで、これが「３・０」の世界だろうと。

安宅　なるほど。

岡本　もう一つのキーワードは「脱炭素化」でしょう。末端のエネルギー利用に燃焼を伴わないことが電気のメリットで、今後、再生可能エネルギーのコストが安くなっていけば、安価で二酸化炭素（CO_2）を排出しない電気の役割が増えていく。自動車や工場の生産設備の熱源・動力源が電気に置き換わることで、社会に大きなインパクトを与えます。加えて、センサー情報とモーター・インバーターなどが実世界を精密に動かすサイバーフィジカルシステム（CPS）では、電力化がエネルギーの効率化と生産性向上につながる。電気自動車（EV）が「電池を運ぶ」「電気をためる」機能を果たし、さらには交通システムと電力グリッドが融合するような姿が想定される。交通も電力も混雑制御とい

安宅和人氏

（あたか・かずと）

慶應義塾大学環境情報学部教授、ヤフー㈱CSO（最高戦略責任者）

マッキンゼーを経て、2008年よりヤフー、2012年より現職（現兼務）。2016年より慶應義塾大学SFC（湘南藤沢キャンパス）にてデータドリブン時代の基礎教養をテーマに教壇に立ち、2018年9月より現職。イェール大学脳神経科学PhD。内閣府総合科学技術・イノベーション会議（CSTI）基本計画専門調査会委員をはじめ公職多数。著書に『イシューからはじめよ』（英治出版、2010）、『シン・ニホン』（NewsPicksパブリッシング、2020）。

――近著『シン・ニホン　AI×データ時代における日本の再生と人材育成』について――

データ×AI時代の到来で、世界はすべての変化が指数関数的に変化する激動の時代を迎えている。『シン・ニホン』は不安と停滞感、悲観論に満ちた日本に活を入れ、徹底したファクトベースの現状分析をもとに「残すに値する日本の未来」を提示する、安宅氏渾身の書。

- 現在の世の中の変化をどう見たらいいのか？
- 日本の現状をどう考えるべきか？
- 企業はどうしたらいいのか？
- 国としてのAI戦略、知財戦略はどうあるべきか？
- AI時代の人材育成は何が課題で、どう考えたらいいのか？　……etc.

――産・官・学の全領域をテーマに政府の審議会や経済団体での講演を重ねてきた安宅氏が、その全体像を初めて示し、ひとつなぎの「解」に挑んでいる。

うような問題が起こってきますが、そこはまさにシン・ニホンの「データ×ＡＩ」化による課題解決に重なってくるわけです。

世の中の変化によって、エネルギーシステムや電力ネットワークの在り方が変わる、逆に電力システムの変革が世の中を変えることもあるというのはこのあたりの話で、もちろん電力会社のかたちも、相当変わっていくことになると思います。

２０５０年に向けていろいろな種が仕込まれていますが、試算してみると２０３０年頃を越えると、もう元には戻らないような、相当激しい変化が訪れる可能性が高いですね。

通信におけるＳＮＳ台頭、電力における「プロシューマー」の誕生

安宅　通信業界も大きく変わってきたけれど、これも相当の変化……。

岡本　ちょうど通信の世界で電話網から双方向性をもったインターネット網に移行するというぐらいのイメージですね。分散する全てのエネルギーデバイスにインテリジェンスが組み込まれるので、エッジ側でエネルギーをコントロールするようになるのではないか。インターネットによって起こったことが、今度はエネルギーの世界で起こる可能性があります。

安宅　「電気の流れが双方向に」という話はインターネットメディアでのソーシャルネットワーク台頭に似ています。ＳＮＳの出現は、消費者がジェネレーター（生成者）になるという、メディアにとっての根本変容でしたから。

岡本　電気事業でも消費者の「プロシューマー化」が進んでいます。例えば太陽光発電＋ＥＶ、これを

情報デバイスによって消費と発電を自ら制御する。そうした試みがあって初めて、プラットフォーム（＝電力グリッド）と発電・小売とを分割した意味が出てくるように思います。

安宅　ただ、同じプラットフォーマーとはいえ、途方もない力を手にしたフェイスブックなどとは少し違うかもしれない。彼らは個と場面を詳細かつ深く特定するマーケティングの効果が非常に高いことが力の源泉ですが、電力は「供給の安定性」の差こそあれ、基本的に同じものを提供していますよね。

岡本　確かにお客さまに届く電気の品質はどれも同じとなって顧客体験に差が出ることはないので、究極のコモディティといえるかもしれません。一方で燃料や電力消費量の違いによってCO_2排出が増減するというように、一概にコモディティとはいえない側面もある。そこは「電気」ならではの価値を提供できるところかなと思います。

図 I ◉通信のSNSと電力のプロシューマー

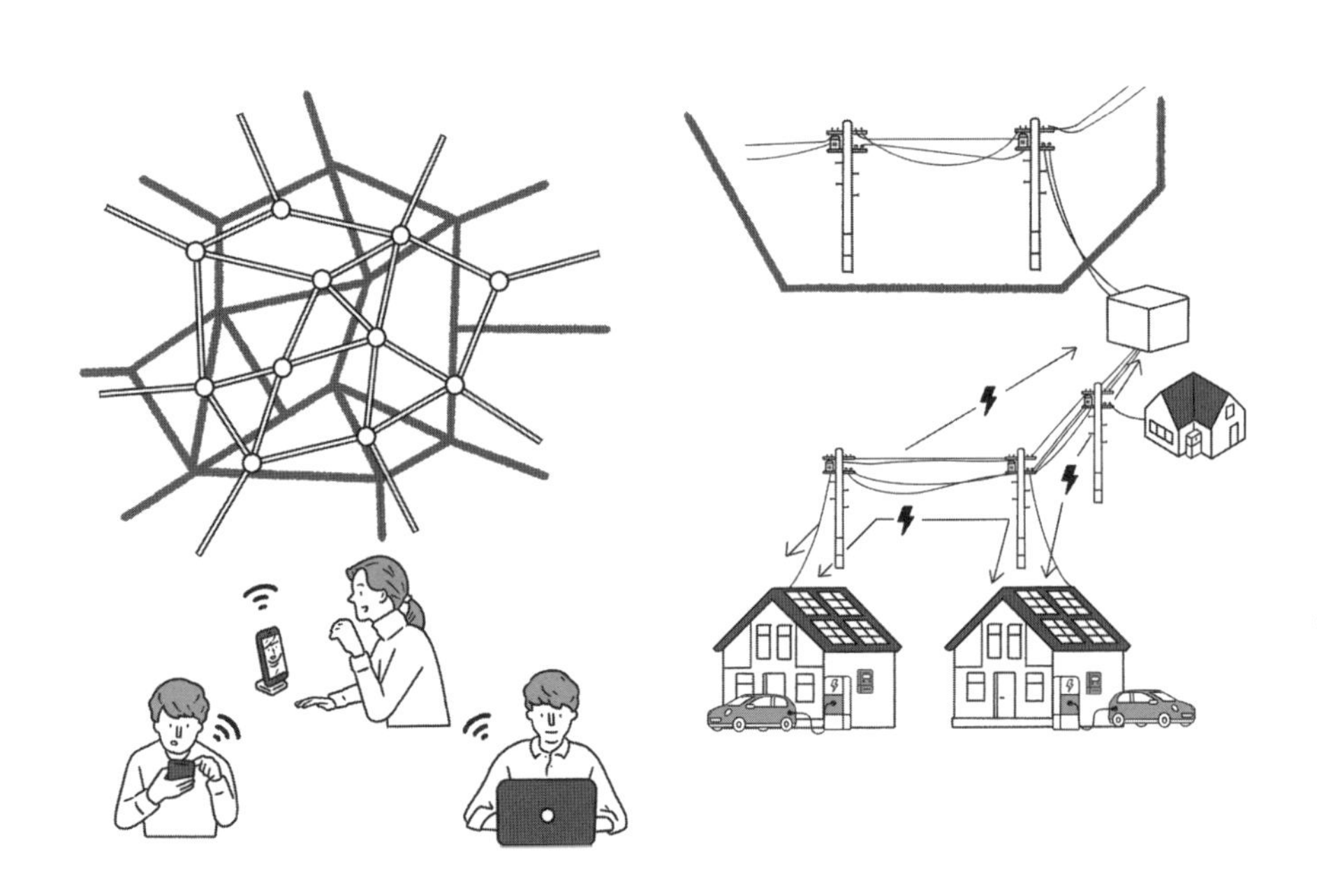

「プロシューマー」は生産者（Producer）と消費者（Consumer）を組み合わせた造語で、生産消費者のこと。電気事業では住宅用太陽光発電と蓄電池を組み合わせるなどして、小売電気事業者らに余剰電力を売電する消費者がこれに当たる。ブロックチェーンを活用した消費者間の電力取引など、新ビジネスへの展開も……？

『シン・ニホン』から──→②重要性増すデータ活用

「データ×AI」化社会における成功要件とは何か？ 安宅氏は以下の3点を掲げる。

①多様なデータがそれぞれ潤沢に存在し、幅広く利活用できること
②圧倒的なデータ処理能力があること（技術的にも、コスト的にも）
※データ処理コストは「通信費と電気代」で構成される
③世界レベルのデータサイエンティスト、データエンジニアが質・量ともに十分にいること

「電力データ」のポテンシャル

安宅　「電力グリッドはシステム・オブ・システムズである」ということであれば「データ×ＡＩ」化と非常に相性が良さそうですが、データ活用は相当進んでいるのでしょうか？

岡本　計量メーターをスマートメーター[2]に順次切り替えており、そこから得られる膨大な電力データをどう使うかという試みがまさに始まったところです。例えば弊社も参画している「グリッドデータバンク・ラボ[3]」では電力使用量のデータを活用して、宅配ルートの最適化や健康状態のモニタリングなど、実証的な試みをいくつか行っています。

安宅　スマートメーターがどれだけ衝撃的なマシンか、ほとんどの人が理解していないと思う。いま電子レンジとドライヤーを使っている、そのメーカー、家族構成、果ては一定エリアの人口密度まで、驚くほどいろんなことが、利用データと機械学習技術を使えば分かりうるという認識でいるのですが。

岡本　さすがに現段階では難しいですが、ただ技術的な可能性は見えていて、実現すれば他業種からも

2　通信・制御機能を備えた電子式電力量計。検針業務の自動化、電力の遠隔制御などが可能になるほか、30分ごとの使用電力量計測が可能になるため、計量データを活用した新ビジネス・新サービスが登場しつつある。２０２４年度までに全国すべての世帯・事業所で設置される予定。さらにリアルタイムでの計量や、個人の電力データ活用に向けた検討が進められているところ。欧米諸国でもビジネス利用に向けた動きが活発化しているが、メーターの普及率は、実は日本が最も進んでいる

3　グリッドデータバンク・ラボ有限責任事業組合：電力会社の送配電部門や通信事業者らが中心となり２０１８年11月に設立。金融・流通・運輸、自治体・医療機関など１００を超える企業・団体とともに、電力データと様々な産業分野

データ利用に関して多様なニーズが出てくる。例えば、家電メーカーのリコールを即座に通知するとか。ただ、見えない方がよい情報――プライバシーが丸見えになる可能性があるので、前段としてすごく丁寧な議論が必要になります。

安宅 電力データをどう活用するのがよいか、勝手に『妄想』しています。例えば、電力使用量の「見える化」で削減できた電気料金の何割かを送配電側に還元してもらうとか、すぐビジネス化できそう。ここまでは本業の領域なのかもしれないですが。

岡本 おっしゃる通りです。これからの送配電事業者は、ネットワークの建設と保守・保安を通じて、お客さまに安定的に電気をお届けするという従来の業務に加えて、データをハンドリングする会社としての側面も出てくると考えています。例えば、電気の月額・定額制なんていうものを掲げるとして、その金額に収まるよう余分な消費を自動的に調節してしまうとか。お客さまが知らないところで節電・節約しておくことも含めて、サービスをパッケージ化して月額いくらという形態がどんどん増えるのではないかと。

その中で公平・中立性を保つ必要のある私たち送配電事業者は、ネットワークの管理と安定供給の維持に加えて、電力から出てくるデータをきちんと管理して適切に発出していくというのも、本業としての役割になっていくと考えています。ダイナミックプライシング[4]や、所在地点別での価格設定など、今後、発電・小売側での自由な発想を妨げないためにも、ここは重要です。その基盤づくりがこれからの私たちの仕事に付加されていくと考えています。

で生み出されるビッグデータとを掛け合わせた新ビジネス創出などを目指している。また電力データ活用に必要となる法整備への動きかけも

4 需給状況に応じて価格を変動させることで、需要を調整する手法。変動料金制。シーズンにより価格が変動する航空運賃、ホテルの宿泊料金などのイメージ

情報セキュリティをどう考える

安宅　しかし治安上の超クリティカルな問題として、電力網、通信網、上下水道といった社会インフラは、正確な情報を広く知られてはならない。そこを見えないようにしつつ、プラットフォーム化するというのは、少し矛盾がある。

岡本　ネットワークの地点間の混雑情報とか電気自動車の充電ポイントといった利用者にとって必要なところは見せて、重要設備や系統構成といった情報はマスキングする必要があります。

安宅　エッジだけ見せるわけですね。コアのシステム情報はうまくマスキングしないと、安全保障上の大問題になる。

ネットワーク全体だけでなく、エンドポイントにあたるスマートメーター情報に関しても、電力会社は相当な情報管理が必要になるでしょう？　エンドの情報管理はまさに、われわれヤフーのような業界がセキュアにサポートできる。一日の長が多少はあるかと思いますので、適宜お声がけいただければと。

電力のＤＸ（デジタル・トランスフォーメーション）はどう進むか

安宅　ところで、他産業でもＤＸ（デジタル・トランスフォーメーション[5]）が話題ですが、電気事業のＤＸはどのフェーズをどうたどると推定されていますか。

岡本　世の中の定義とちょっとずれているかもしれませんが、これまでは「デジタルパッチ」に近い感

5　デジタル技術の活用で、企業などの組織や社会システムがよりよいものへと変貌を遂げること。一般的に、①既存ビジネスで部分的にデジタルを適用する「デジタルパッチ」、②デジタルを活用し既存ビジネスの高度化や拡張を図る「デジタルインテグレーション」、③事業構造そのものを変革する「ＤＸ」――のステップで進むといわれる

じで、ようやく次の「デジタルインテグレーション」の段階に来たところではないかと。これまでは個別の課題に対応するシステムをデジタル技術を活用して装置化する、それでいったん終了……というところがあった。コストミニマムで個別に対応してきたことで、いくつものバラバラの装置ができてしまっています。

本当はもう少し汎用性の高いやり方ができるはずで、例えば、標準デバイスを使って電力グリッド内のセンサー情報をネットワークで収集する、それらを共通のソフトウェア基盤（いわばオペレーティングシステム）上に載せて、センサー情報を活用して実現したい機能をスマホの「アプリ」のようにして、OS上に自由に追加できるようにすればよいわけです。このような考え方をとることで、開発したソフトウェア資産の積み重ねによってシステム開発のスピードが飛躍的に上がって、様々な変化に素早く対応できるようになります。

その次に来るステージとしては、そうして構築した電力システムの運転・保守に関するソフトウェア基盤やアプリ、電力システムに関わるデータなどを世の中に開放する。セキュリティに関するマスキングの問題はありますが、今後、自動車や工場などの設備がどんどん電化していくと考えると、一般の社会も電気設備があふれることになるので、私たちが担ってきた電力システムの運転・保守のための技術や、そのためのITシステムが必要になってくるのではないか。さらにお客さまの設備との接点や電力グリッド内部で集めた情報を含めて一気に開放すると、バリューチェーン全体がデジタルでつながり、エネルギーのトランスフォーメーションが同時に起こる。このあたりがわれわれの考えるべきDXなのかなと思っています。

安宅　なるほど。ここまで『ザ・インフラ』という業種ではなくて、もう少し一般的な産業では、サイバーマインドを持った人がディスラプター[6]として現れ、それまでの産業のかたちを作り替えてしまうという現象が繰り返し起きていますよね。テスラは時価総額でトヨタを抜いたし、アマゾンは企業価値で遥かにウォルマートを超え、新しい産業の形態を生み出している。

個人的には、東電をディスラプトできるのは東電しかないと思う。もし、岡本さん自身が東電をディスラプトするとしたら、どうやります……？

岡本　可能性としては……テスラ社がエネルギー分野で展開しようとしているビジネスモデルが近いかもしれません。太陽光発電システムとセットで一般の家庭に蓄電池をどんどん置いていく。家庭用の蓄電池と産業用などの大型電池もネットワークで相互に繋ぎ、ソフトウェア上のプラットフォームで自動的に電力を取引できるようになる。今、思いつくとしたらそこでしょうかね。

安宅　なるほど、テスラも単独でやるより、東電のような既存の事業者と組んだ方が良いですよ。ものすごい未来を感じます。

6　ディスラプト／ディスラプター：新しいテクノロジーで市場を根本的に変えること、またそれを起こした新興企業。破壊的創造

エネルギー安全保障と日本の未来

安宅　日本のように自国で採れる化石燃料がほとんどないような国[7]だと、今の電力供給システムをディスラプトできるというような選択肢がないと、安全保障的にも良くない。

これから「データ×ＡＩ」化が進むと、数年前の『ネイチャー』の試算では電力消費の10～15%、場合によっては50%がデータセンターでの消費になると。その必要な電気の量たるや極めて大きい。この結果、温暖化が進めば災害の激甚化要因にもなる。

岡本　一次エネルギー消費が減るのであれば、電力消費量自体は増えてもよいと考えています。電力需要が増えても再生可能エネルギーを活用すればCO_2排出は減ります。しかし日本の再エネはちょっと高く、量もまだまだ十分ではありません。そんなままで脱炭素化を進めようとすれば、海外の再エネで作ったグリーン水素を高値で買って、タンカーで運んで来ることになる……それだと中東から原油や天然ガスを輸入しているのと何も変わらないでしょう。

安宅　しかも水素って、原油より取り扱いが難しいですしね。

岡本　再エネがもっと安くなれば、エネルギー問題の

7　日本の一次エネルギー自給率は９・６%（２０１７年実績、原子力を含む）で、ＯＥＣＤ35ヵ国中34位

ブレークスルーになるだろうと思って書いたのが「Utility3.0」の本[8]です。

エネルギーの側面から日本の未来を変えようとすると、再エネはもちろん、原子力でも分散型の小型炉などの新しいテクノロジーを導入したり、人工光合成にチャレンジするなど、海外からグリーン水素を輸入する以外に活路を見いだしていくことが重要になります。日本の富が国外に流出していたのが、国内できちんとまわせるようになりますし、その経済波及効果はとても大きい。Society5.0[9]的な付加価値も出てくる。

安宅　もはや「総合エネルギー企業」、将来の社名も「東京エネルギー、東エネ」ですか。

岡本　確実に「電気だけ」ではないでしょうね。

8　竹内純子編著／伊藤剛、岡本浩、戸田直樹著『エネルギー産業の2050年 Utility3.0へのゲームチェンジ』（日本経済新聞出版社、2017年）

9　サイバー空間（仮想空間）とフィジカル空間（現実空間）を高度に融合させたシステムにより、経済発展と社会的課題の解決を両立する、人間中心の社会（Society）。狩猟社会（Society1.0）、農耕社会（2・0）、工業社会（3・0）、情報社会（4・0）に続く新たな社会を指し、第5期科学技術基本計画において日本が目指すべき未来社会の姿として提唱された（内閣府より）

『シン・ニホン』から——→③「異人」を取り込め

『シン・ニホン』内で安宅氏は、データ×ＡＩ時代に求められる人材とスキル、さらには教育のあり方についても数多くの提言を残している。若者の登用や理数教育の徹底と並び、注目すべきは「未来を拓く人材は『異人』である」との提言。ここでいう異人とは「あまり多くの人が目指さない領域あるいはアイデアで何かを仕掛け、勝負できる人」で、発明王トーマス・エジソンや、21歳で創業しＰＣ、スマートフォンの世界を生み出したスティーブ・ジョブズらを挙げる。

安宅氏は「創造」や「刷新」が価値を生む時代には、ゼロからイチを生み出せる「異人」こそが未来を創るカギになるという。それは大量生産によりトップシェアを取ることが価値を生んだ従来型の社会とは真逆の世界が来ていることを意味し、日本の人材育成モデルも根底から刷新すべしと訴える。

電力の未来を拓く人材像

岡本　今回は人材育成についても、お伺いしたいと思っていました。東電の事業をディスラプトする人、新しいことに取り組める人が必要だというのは感じているのですが、今いる東電社員の中からはなかなか出てこない。学生の就職を含め、どうやったら業界によい人材を呼び込めるか、同時に社内の人材育成について、これはいつも頭を悩ませているところです。今までお話ししているように、これから電力、エネルギー業界ではかなり面白いことがやれるはずですが、今ひとつ魅力が伝わっていないようで。

『シン・ニホン』の中でおっしゃっているように、教育システムの変革への期待もあります。

安宅　日本の将来像やイノベーションの行方も含め、エネルギーを総合的に考えられる人間が必要だということですよね。どうやって技術を組み合わせて、エネルギー全体をデザインしていくか。これは、実に大問題で、価値のあるテーマですが、なかなか難しいですね。

岡本　『シン・ニホン』でも指摘されていますが、日本は個々の問題までブレークダウンできれば、出口戦略で勝てるというのは、当社などで見てもその通りだと思います。ただそこまで至っていないので、アウトプットが出てこないんですよね……。

安宅　一つには別会社を作って、「異人」とのコラボレーションで進める方法なんかどうでしょう。「東電ディスラプター」的な。

電気事業創生期のエジソンのように、社会を変えていくには異人が必要なんだけれど、日本は異人を大切にしないところがある。むしろ、公教育の過程や出来上がった企業では潰されるというか。異

図Ⅱ◉未来を変える人・異人とは？

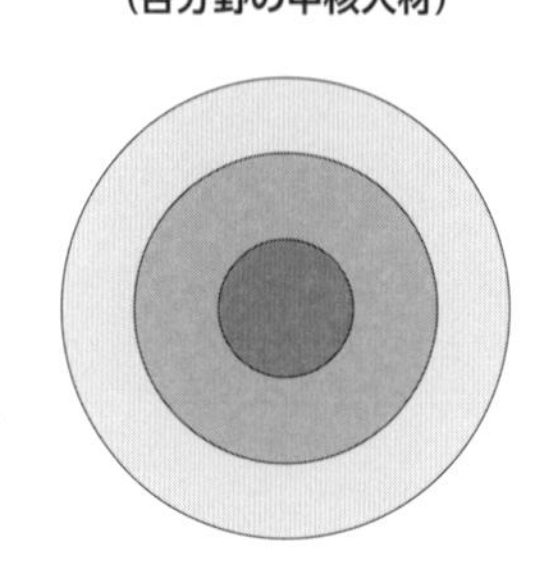

（出所）安宅和人著『シン・ニホン』（NewsPicksパブリッシング）図3-4をもとに安宅和人氏改訂

人はめったに現れないので、もし現れたら、そうじゃない人は出る釘を潰したり、抜くのではなく、盛りたてることが必要なんじゃないかな。

そういう人が現れたら大切にして、マイクロスタートアップとか共同研究とか、着火させる仕組み——英語で言う「ギズモ」が必要なんでしょうね。

岡本　電力業界内で異人を見つけるのは難しいかもしれませんが、自分も含めて、いわゆる『オタク』的な専門追求型の人は結構多いですね。もちろん、これだけのインフラのオペレーションを考えると、普通に仕事のできる人はとても多いですし、そういう人材も重要です。一方で、社外にいる異人を取り込んで支える仕組みを作ったり、若手社員をそういう外部の方との協業プロジェクトに送り出すことで、発想力が養われる、その可能性には期待したいところです。

『シン・ニホン』から——→④ウィズコロナ時代のインフラとは

新たなテクノロジーの台頭、持続可能な社会構築への要請、人口減少といった局面に立つ日本。こうした現況を踏まえ、安宅氏は「風の谷[10]を創る」構想を打ち出す。それは地方の限界集落や廃村を舞台に「自然とともにある、人間らしい豊かな暮らし」を実現し、都市集中型の未来に対するオルタナティブ（代替）を創るプロジェクトという。

その一方、都市部から遠く分断された極めて疎な地域で、低コストで社会インフラを維持するためには、「オフグリッド化[11]」されたインフラネットワーク[12]が、それぞれにつながり合い機能する仕組みへと育てる必要がある、とも。

さらに『シン・ニホン』上梓後に迎えたウィズコロナ時代を踏まえ、安宅氏は都市化に代表される「三

10　アニメーション映画『風の谷のナウシカ』（1984年、宮崎駿監督）に登場する、主人公ナウシカが治める小国。「テクノロジーを〝使い倒す〟ことで、人が自然とともに生きる美しい未来を築く」との運動論として安宅氏が2017年から提唱、実現に向けた運動を展開している

11　電力網をはじめとするインフラネットワークから切り離されている状態のこと。「風の谷」のような人が半ば分散した空間におけるインフラ構築のあり方として、維持コストの低廉化、担い手の確保といった課題へのソリューションも含まれる

12　ここでは電力、上下水道、交通、医療、教育など社会生活に不可欠なサービス全般を指している

密」の状態から「開放×疎=開疎化」へと価値観の変容が進むと予測。同時に、風の谷計画加速への期待を寄せている。

アフターコロナの世界、電力網は「オフグリッド」へ?

岡本 新型コロナウイルスの感染拡大は、暮らし方や社会のあり方にも大きな変化をもたらそうとしています。安宅さんはかねて「風の谷を創る」構想を提唱されていますが、さらにコロナが「開疎化」を進める可能性があると指摘されていますね。

安宅 「風の谷を創る」構想で、エネルギーをどう賄うか。実は大問題でして。

岡本 「開疎化」が進むと、都市に集中しているエネルギー需要も分散していきますが、それでも地方から都市部へ電気を送る、または再生可能エネルギーの発電所からある一定のコミュニティに電気を送るという構図は残ると思います。

安宅 はい。それでも送配電側が将来的にネットワーク(グリッド)を引くのが厳しくなったとき、完全なオフグリッドか、限りなくそれに近い状態になるのではと懸念しています。われわれが描く「風の谷」は、いわゆる「コンパクト・シティ」というより、一軒一軒が数百mぐらいは離れているような「疎」の状態にある空間を想定しています。そうした空間にどのようなエネルギー源が適しているのか、完全なオフグリッドでできるのか、それともマイクログリッドか……難しい問題。

岡本 規模の経済性を追求してきましたので、単位面積あたりのお客さまが少なくなると既存インフラは経済的に成り立ちにくくなる……。また、欧州のように230/400V配電を使っていれば、一軒ずつが多少離れていても対応しやすいですが、日本はそれより低い100Vだという制約もある。これから人口減少と過疎化にどう取り組むかは大きな課題です。

当社がフィリピンの離島で投資しているマイクログリッド事業では、未電化地域にコミュニティスケールの太陽光発電所とテスラ社のバッテリーを設置して、2カ所のリゾートホテルとその周辺の集落に電気を送っている。そういった取り組みを通じて、人口減少や過疎化への対応のヒントが得られるのではないかと考えています。

安宅　フィリピンの事例はいいですね。「風の谷を創る」構想のエネルギー問題解決にも、ぜひ一緒に取り組んでいただけたらありがたいです。

あとはオフグリッドのキーテクノロジーは「蓄電」だと考えていますが、電力をためる難しさを感じている。巨大なダムしかないのか……極限的なイノベーションは起こるんでしょうか。

岡本　電気自動車（EV）には期待できると思います。電力システムにおける既存の大規模ストレージとしては「揚水発電」があるのですが、EVが普及するとそれより1桁く

図Ⅲ◉「風の谷」とオフグリッドなエネルギー供給

らい大きなストレージとして活用できる可能性があります。これはものすごいバッファーになる。それに、蓄電池に電気をためれば、電線が要らなくなるので、モビリティという価値も出ます。

安宅　素晴らしい。テスラなど最新型のＥＶでは電気をどのくらいためられるんでしょうか。

岡本　家庭での利用なら1週間分くらいとか……容量はかなり増えてきています。

テスラは車で蓄電池を増やしてコストを下げ、定置式の普及にもつなげようとしているのだと思う。蓄電池はガソリンタンクに比べるとエネルギー密度が低いものの、電動化でエネルギーを効率よく使えるため、ＥＶとガソリン車が満タンで走れる距離は近づきつつあります。

また、定置式の蓄電池にためておいた電気をパルス的に一気に放出してＥＶを急速充電するなど、配電線に制約がある場合の解決策としても使えます。

安宅　それは、いろいろな意味で大きな安全保障的な効果がありますね。

僕はもともと生命科学者のはしくれです。生命で通常行われているエネルギーの貯蔵は化学結合形態ですが、エネルギーの分野でも化学結合への変換みたいな方式はあるんでしょうか？　化石燃料みたいなものを果てしなく作るような。理化学研究所とかでスケーラブルな人工光合成を研究している人たちもいます。

岡本　エネルギー密度などで課題はありそうですが、長い目で見ればできなくはないと思います。その錬金術は世の中を変えますね。

＊＊＊

安宅　エネルギーは考えれば考えるほど面白い。言ってみれば通貨に限りなく近い、未来の通貨はエネルギーだと。慶應義塾大学SFCの安宅研にも、「エネルギーに命かけたい、『風の谷』のエネルギーを考えたい」という学生がいて、若い世代の関心が養われていることも感じます。先ほど話しましたように、データセンターの電力消費量が急増する予測もあり、エッジコンピューティングとしてのスマートフォンの電力消費だって増え続ける。これからも世の中は指数関数的な変化が起き続け、しかも地球温暖化が待ったなしで、2100年には風速90m級の台風が襲来するという災害の激甚化予測もある。「残すに値する未来」を日々考えながら生きていますが、「あの人たちが言うように種をまいてくれたおかげでこうなった」と、未来の世代が明るく2100年を迎えられるように仕掛け続けねばです。

岡本　エネルギー事業者として、「明るい方の2050年シナリオ」に舵を取るべくがんばっていきたいと思います。

それと、いろいろと明るい将来像を構想したり、課題をどのようにブレークスルーしていくかなどをあれこれ考えたりしていると、結局は「人」の問題に帰着すると感じています。どんな人材を育てていけるか……若い世代には、是非がんばってもらいたいですね。

安宅　僕らの世代もできることがまだたくさんありますよ！

あらゆるワイルドな未来を仕掛けて、〝ヤバイ未来〟を創って、胸張って死にたいですね。

（収録＝2020年8月6日／編集・構成＝電気新聞）

4章 将来の電力グリッドの姿

地域独占の一貫体制で経済成長を支えてきた「Utility1.0」を経て、わが国は2020年4月、送配電部門の法的分離という電力システム改革の最終段階に入り、「Utility2.0」の時代を迎えました。時を同じくして今、社会インフラの総合的な担い手としての「Utility3.0」へと進化する変革の入り口にあります。電気事業を新たな姿へと導く変革のドライバーを「5つのD」と呼んでいます。5つのDとは何なのか、またUtility3.0へと変貌を遂げた後の電気事業そして電力グリッドの姿を、本章ではできるだけ定量的かつ大胆に予測していきたいと思います。

POINT!

- 脱炭素化、分散化、デジタル化、人口減少・過疎化、規制緩和（または民主化）からなる「5つのD」が、エネルギー産業に変革をもたらしている
- 2050年には脱炭素化への要請を背景に太陽光・風力発電が大幅に普及、エネルギーの電化も進むと予測。ただし容量価値としての火力発電も堅持
- 電力グリッドは双方向性を持つ「プラットフォーム」へと進化すると同時に、他のインフラサービスとの融合も進む

Five Ds

4-1

エネルギー産業の変革

5つのDに直面するエネルギー事業

筆者はわが国のエネルギー産業にゲームチェンジを起こす5つの要因を「5つのD」と呼んでいます。その5つとは、世界的に進む①脱炭素化（Decarbonization）、②分散化（Decentralization）、③デジタル化（Digitalization）という3つのメガトレンドに加えて、わが国特有の事情として日本社会が直面しつつある④人口減少・過疎化（Depopulation）、そして、現在まさに進められているエネルギー分野の⑤自由化・規制緩和（Deregulation）です。それぞれ英語表記した頭文字がすべてDになっているので、「5つのD」ということにしました。

2010年代中頃から欧米のエネルギー業界でも、脱炭素化、分散化、デジタル化の3つのDが業界構造を変えるとの認識が広まってきています。自由化（Deregulation）は欧米ではすでに20年ぐらい前に始まっていることもあって、話題になることはあまりなく、むしろ個人も含めた誰

図4-1 | 社会の脱炭素化＝電化×電源の脱炭素化

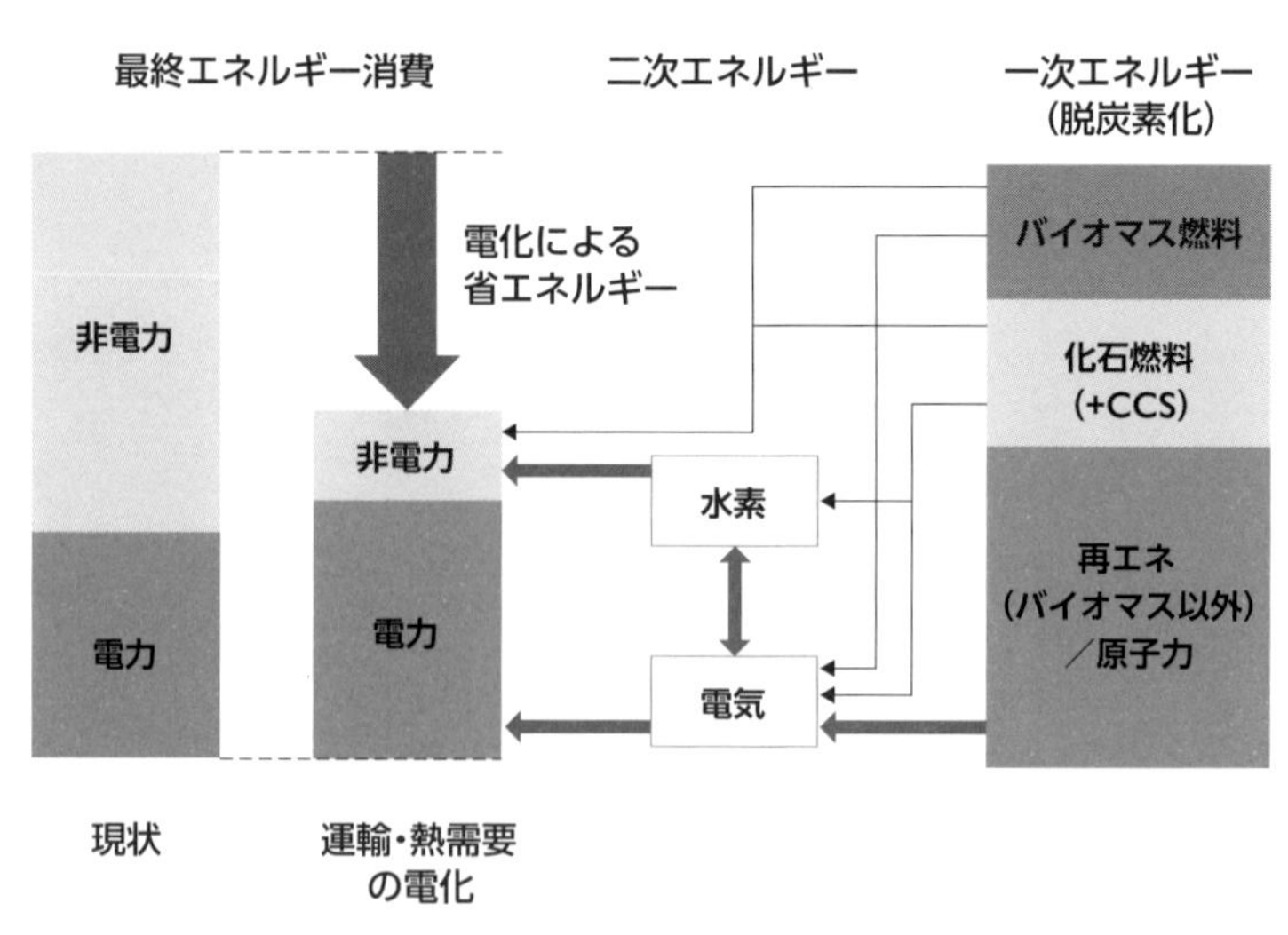

筆者作成

もが分散型エネルギーなどを活用してエネルギーを作ったり使ったりできるという意味で、「エネルギーの民主化」(Democratization) という人もいます。人口減少・過疎化は、欧米では日本のようにはまだ大きな問題になっていませんが、わが国ではすでに目前にある深刻な問題です。

それでは、これら「5つのD」が意味するものはなにか、一つ一つ見ていくことにしましょう。

脱炭素化 (Decarbonizatoin)

脱炭素化 (Decarbonization) に向けた大きな契機となったのが、国連気候変動枠組条約第21回締約国会議 (COP21) が開催されたパリで、2015年12月12日に採択された「パリ協定」です。パリ協定では、世界の平均気温上昇を産業革命以前に比べて2度未満に抑えるという世界共通の長期目標 (2度目標) が定められました。目標達成のためには、大気中の二酸化炭素（CO_2）濃度を今世紀中はこれ以上増やさず、安定させることが必要です。そのためには、人為的なCO_2排出をゼロにしなくてはなりません（これをネット・ゼロ・エミッションといいます）。

ネット・ゼロ・エミッションを実現するためには、どうしたらいいでしょうか。東京電力ホールディングスで検討した脱炭素化への道筋について紹介しましょう図4−1。

社会の最終エネルギー消費[1]は、電力と非電力から成り立っています。その割合は現在の日本では電力が3割弱で、残りの7割を非電力が占めています。通常、非電力の最終エネルギー消費では、化石燃料を燃やし動力や熱を得るため、CO_2が発生します。ネット・ゼロ・エミッション実現には、何らかの手段でそれを回収したり、吸収しなければなりません。

一つの方法としては、CCS（Carbon dioxide Capture and Storage：二酸化炭素回収・貯留）がありますが、全ての化石燃料消費でCO_2を回収するのは現実的とはいえません。

もう一つの考え方は、最終エネルギー消費の段階で、できるだけ化石燃料を使わないようにすることです。その代わりに、二次エネルギーである電気や水素を使います。電気をつくるのには、発電時にCO_2を排出しない再生可能エネルギーや原子力などを中心的に活用します。もちろんバイオマス燃料やCCSを組み合わせた火力もありますが、CCSは必ずしも容易ではないため、その部分はできるだけ減らし非化石化を図ります。

1　発電所等で作り出された時点でのエネルギー量ではなく、工場やオフィス、運搬や家庭で実際に消費されたエネルギー

一方で非電力の需要のうち、高温を得るために燃焼が必要なものについては、なるべく水素を使います。水素の生成に非化石化した電気を活用するのです。こうしたことを徹底して、非化石化した電気あるいは水素で需要を満たしていけば、最終的にネット・ゼロ・エミッションになるエネルギーフローを描くことができます。

ここでのポイントは、電化によって効用を落とさずに大幅な省エネルギーが可能になることです。例えば、車の内燃機関（ガソリンエンジンなど）よりもモーターのほうが3～4倍程度は効率がいいので、車の電動化を進めると最終エネルギー消費は減ります。でも、それによって移動スピードが落ちるわけではありません。もちろん、車に乗るのを我慢して省エネルギーを実現する考え方もありますが、ずっと継続するのは大変です。やはり、なるべく効用を減らさないように省エネルギーを行うことが、「無理をせず続ける」という観点からは重要になります。電化による省エネルギーはそのための大きな手段なのです。

こうしたことを徹底的にやらなければ、パリ協定の「2度目標」実現は難しいだろうと思います。東京電力だけでなく、多くのグローバルなエネルギー企業も脱炭素化に向けたシナリオを打ち出していますが、その考え方にはかなり似通ったところがあります。２０５０年までにどこまでできるのか、あるいはその前の節目である２０３０年[2]にどこまでやるのかが大きな問題になってきます。日本政府はすでに２０５０年のCO_2削減目標を80％以上[3]としていましたが、

2　日本はパリ協定における「約束草案（２０１５年7月、地球温暖化対策推進本部決定）」で、温室効果ガス排出量を２０３０年度に26％削減（２０１３年度比）との目標を掲げています

3　２０１６年5月、「地球温暖化対策計画」を閣議決定

図4-2 | 太陽光モジュールの価格推移

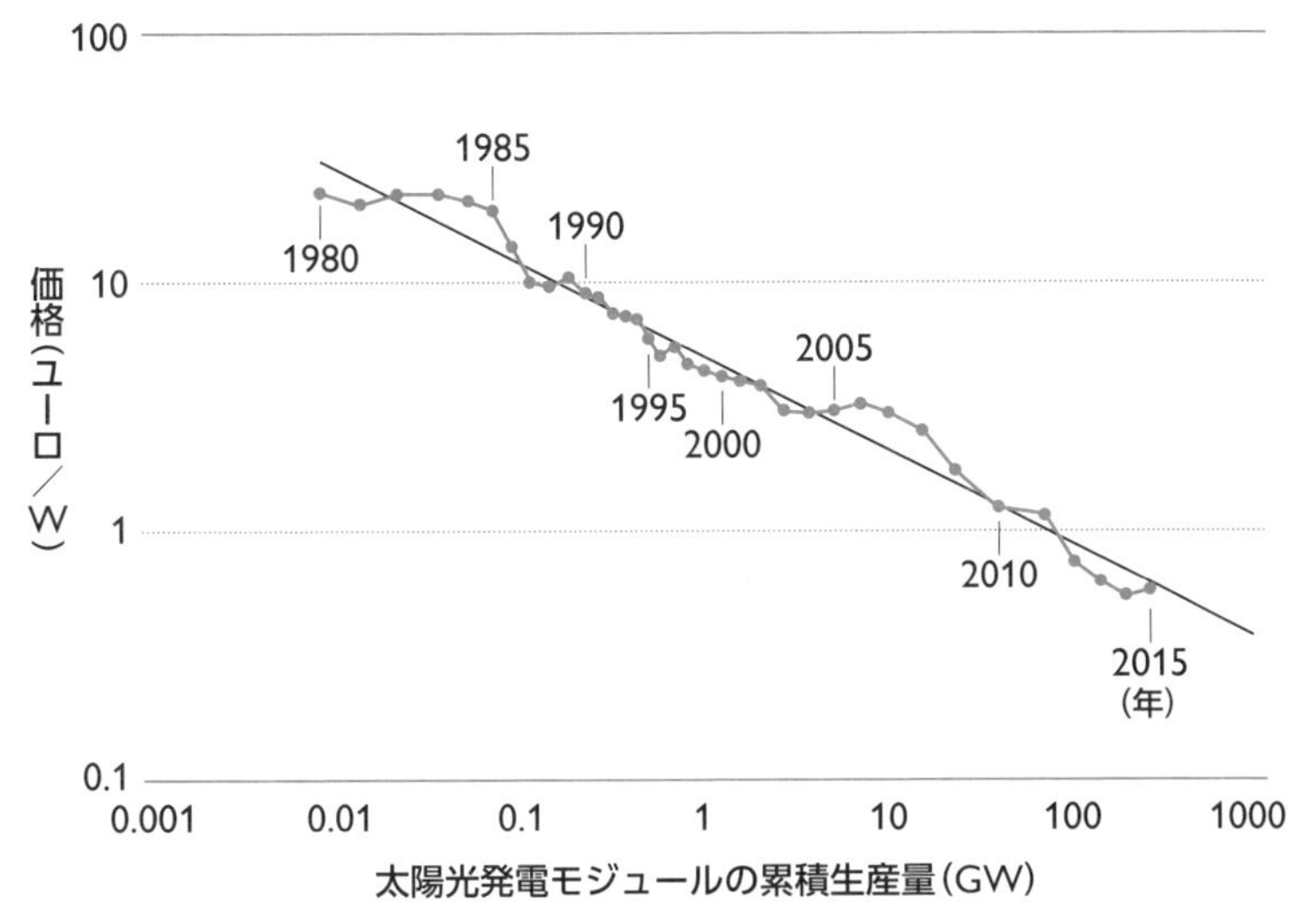

(出所) 独・Fraunhofer ISE

2020年10月の臨時国会の施政方針演説で、菅首相がEU同様に2050年までのネット・ゼロ・エミッションを目標に掲げることを表明し、各国で脱炭素化の動きがさらに加速すると思われます。

●●● 分散化 (Decentralization)

次のDは分散化です。太陽光や風力など分散型電源の価格(設備費用)は、欧米を中心に、世界的に下がってきています。そのスピードは指数関数的で、累積生産量が増えるごとに単価が下がることがずっと続いています。例えば太陽光発電モジュールの場合、図4-2に見られる通り、累積生産量が倍になるごとに価格が23%低下するペースが35年間続いていることがわかります。生産量が今後も増えるのであれば、さらに価格下落が継続していくのではないかとの予測が成り立ちます。現実に中東、中国、中南米、欧州などでは一部の太陽光発電の価格が1kWhあたり2~3セントになるなど、私たちから見ると信じられない水準になりつつあります。そこまで価格が下がると、ほかの発電設備よりもコストが安くなります。

それに比べると、日本はそうしたペースでの価格低下は進まず、むしろ高水準で推移してしまっています。再生可能エネルギー固定価格買取制度（FIT）の買取単価が高過ぎるためで、それによって、導入量が増えながら価格はあまり下がらない現象が日本だけ起きていると懸念されます。経済的な負担を抑え、経済成長に悪影響を与えないためには、太陽光パネルや風力発電の単価が継続的に低減し続ける必要があります。

さて前項で述べた通り、ネット・ゼロ・エミッション実現には、電化による省エネルギーがカギになります。モノを動かしたり、熱を移動させたり、IoT（モノのインターネット）や自動運転などのための人工知能（AI）を動かす、といった役割のほとんどを電気が果たすことになります。これらを全て主力電源化された再生可能エネルギーで賄うことは、環境省の推計する最大ポテンシャル【4章-2参照】まで増加しても、まだ足りません。残りは原子力発電や高効率の火力発電などを活用する必要があります。

しかしいずれにしても、太陽光や風力など自然変動電源が大幅に増加することには変わりありません。これら自然変動電源の1日の出力変動は、量的には大量に普及した電気自動車（EV）の蓄電池が提供するフレキシビリティによって吸収できると考えられます。ただし蓄電池の性能向上や価格低減を進め、運輸部門の電動化によるコスト上昇を抑える必要があります。

一方、さらに長時間の出力変動――例えば、梅雨時に長時間太陽光が十分に発電できないなど――は、蓄電池ではカバーできません。火力発電によるバックアップで補う必要があります。［3章－2］でもお話ししたように、分散化が進む中で安定供給を確保するには、火力発電や原子力発電など従来型電源の適切な維持と、蓄電技術の進歩が不可欠になるということです。

●●● デジタル化（Digitalization）

エネルギー産業に変革をもたらす3つ目のD・デジタル化（Digitalization）は非常に大きな効果を生み出していて、生産をはじめとする様々な要素の効率化が図られています。ここで特に注目したいのは、デジタル技術によって従来のビジネスモデルや業界の枠を壊す動きが起きているということです。

スマートフォンの普及により、米国のウーバー・テクノロジーズやLyft、中国の滴滴出行（ディディチューシン）が展開するライドシェアリング事業、Airbnbによる民泊サービスなど、新事業が次々に創出され、急激な成長を遂げています。一方で、こうした新事業だけでなく、ビジネスモデルの転換というべき事例も見られます。

図4-3 モノ売りからコト売り(サービス提供)へ

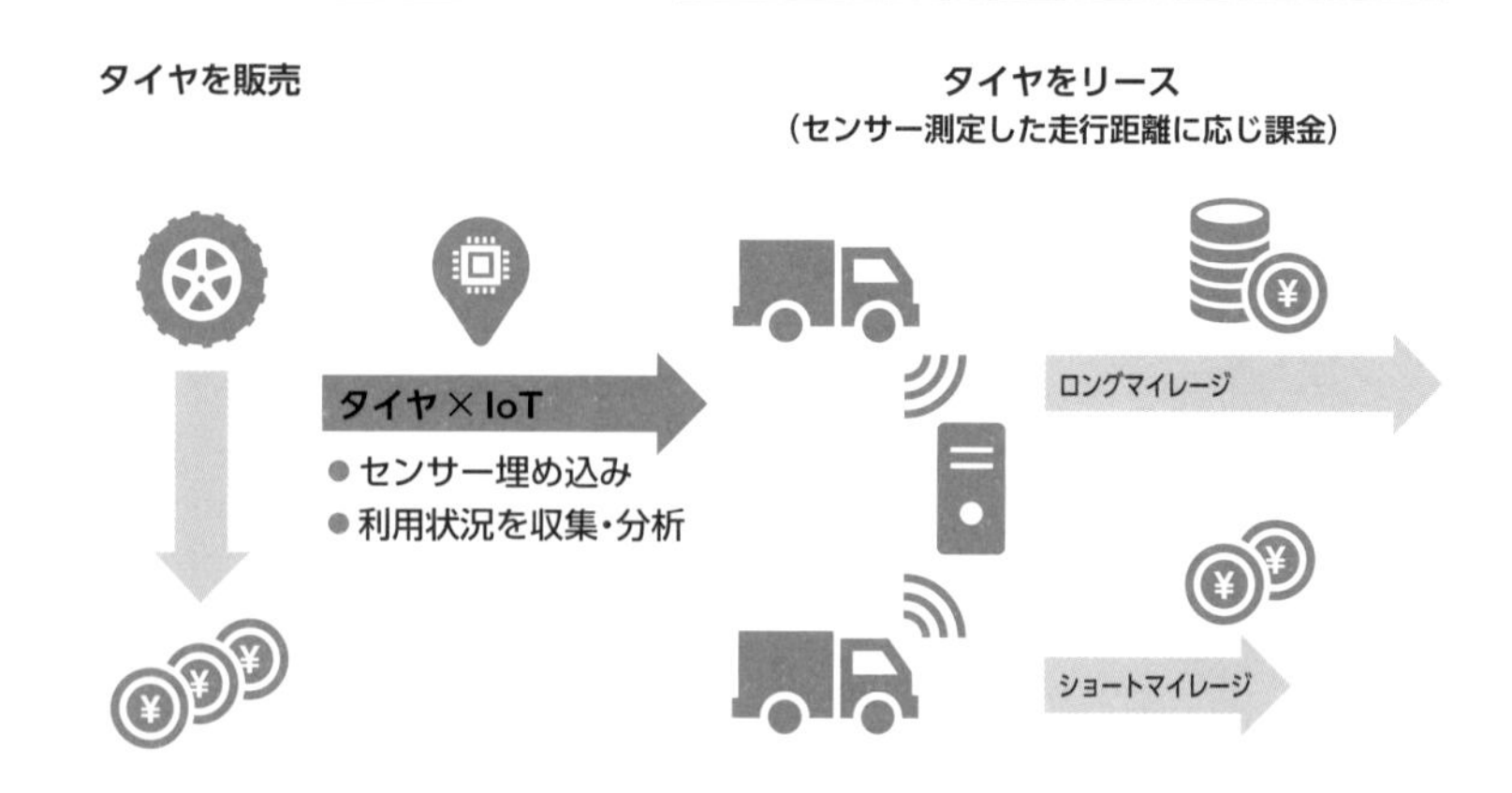

(出所)アクセンチュア

タイヤメーカーのミシュランを例に説明してみましょう(図4-3)。ミシュランの従来のビジネスモデルはタイヤの販売ですが、IoTを組み合わせることによって、タイヤのリースへとビジネスモデルの転換を図っています。具体的には、タイヤにセンサーを埋め込み、利用状況を収集・分析して、センサーで測定した走行距離に応じて課金しています。

ミシュランの試みは、それだけではありません。タイヤの利用状況を収集・分析することで、省エネでの運転や、安全性を高めるための情報蓄積ができますし、それを他のサービスとして売ることもできます。つまりミシュランは、タイヤを売る商売だったのがトラックの走行を支援するサービスへ——「モノ」売りから「コト」売りへと業態が転換してしまっているわけです。こうなってくると、メーカー、サービス産業といった、今まであった業界の垣根が壊れていくのではな

図4-4｜2050年の人口増減状況（2010年を100とした場合）

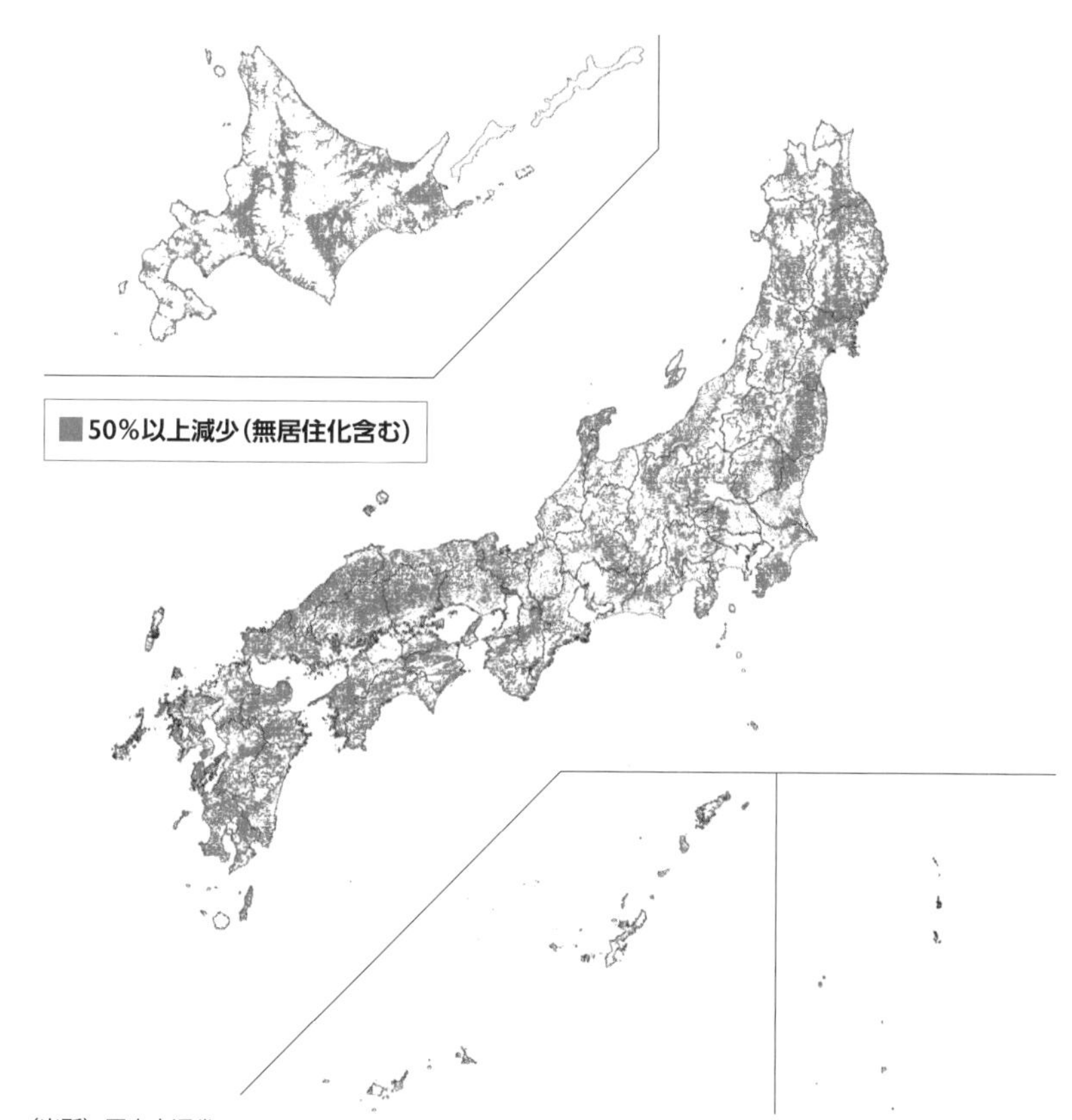

（出所）国土交通省

いでしょうか。これはデジタル化の最も大きなインパクトではないかと思います。

エネルギー事業においても、デジタル化をきっかけとして、新たなビジネスモデルへの転換や他産業との融合が加速していくでしょう。

人口減少・過疎化（Depopulation）

人口減少・過疎化（Depopulation）は将来を想定する上で、日本にとって一番深刻な問題ではないかと思います。国土交通省のレポートによれば、2050年までに6割以上の地

図4-5　東京電力PGと他社エリアの人口見通し

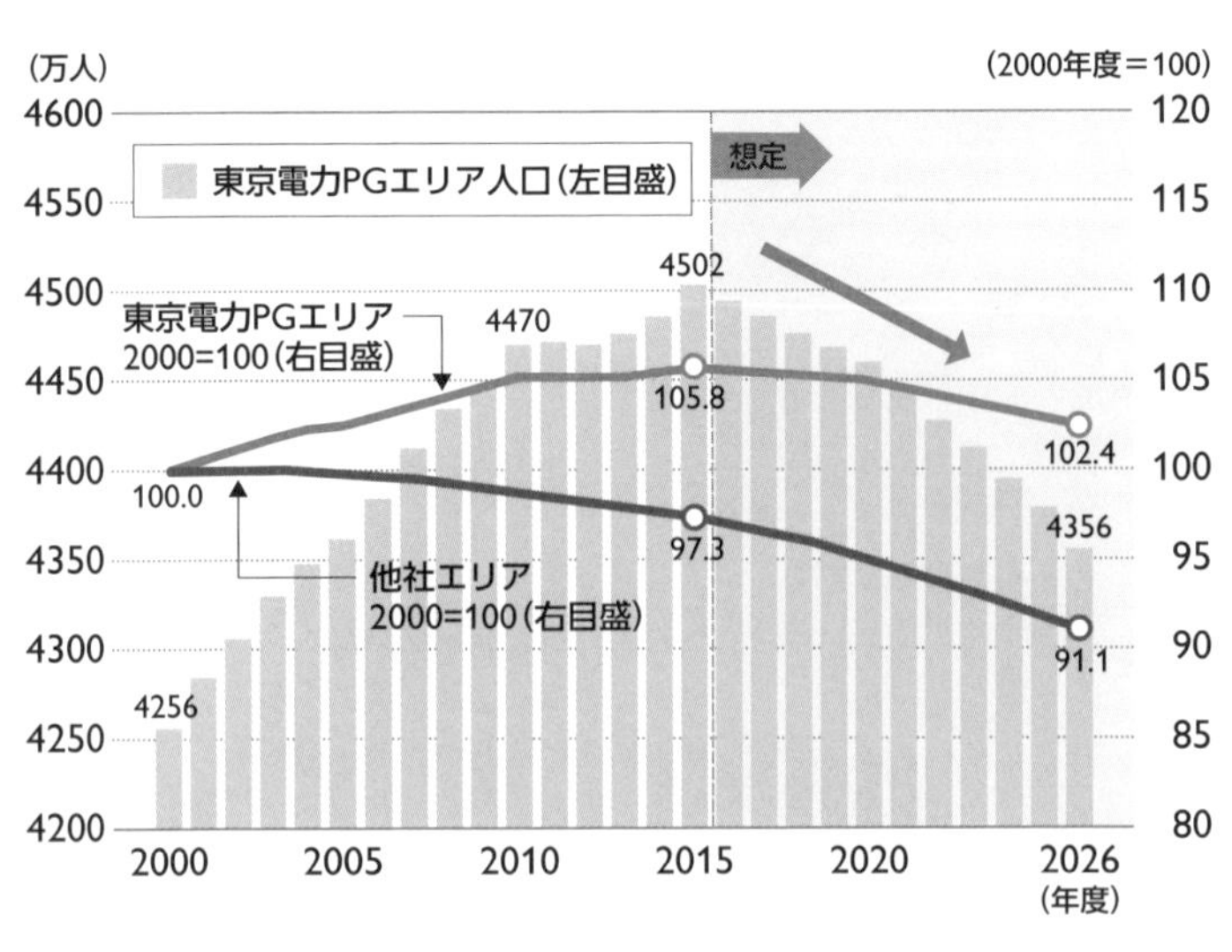

(出所) 電力広域的運営推進機関公表値をもとに筆者作成

域で人口が半減することが見込まれています 図4-4 。これにより、全てのインフラの持続性が課題になると同時に、担い手の確保も大変になってくるでしょう。

もちろん電気事業も例外ではありません。電力広域的運営推進機関の公表値によると、首都圏を含む東京電力ＰＧエリアの人口は２０００年度を１００とすると、２０１５年度に１０５・８に増えてピークに達するものの、２０２６年度には１０２・４まで落ち込む見通しです。東京電力ＰＧを除く他社エリアではさらに減少のスピードが速く、２０００年度を１００とすると、２０１５年度には97・３、２０２６年度には91・１にまで落ち込むと見られます 図4-5 。

東京電力ＰＧエリアの中でも、東京都とそれ以外の地域では大きな差異があり、特に、茨城・栃木・群馬・山梨・静岡になると、他社エリアと同じような下降線をたどります。ごく一部の地域を除き、日本中の電線が〝赤字路線〟になる可能性があるということです。

人口減少・過疎化について精緻な予測や試算を行うことも大切ですが、こうした大きな変化にどのように対応していくかの「ビジョン」がこれからは必要になってくると思います。人口減少・過疎化とともに、先に述べた分散化が進展し、分散型電源や蓄電池の価格が安くなっていけば、コストをかけてネットワークを維持する必要性についても議論の俎上に上がってくるかもしれません。

●●●規制緩和（Deregulation）

最後のDは規制緩和（Deregulation）です。日本では地域の電力会社がエリアごとに発電・送配電・小売を一貫して担う体制を取ってきましたが、1995年に電力の卸売が自由化され、規制緩和の動きが始まりました。1999年以降には電力小売が段階的に自由化され、2016年に全面自由化に至ります。さらに2020年4月には、地域の電力会社の送配電部門の法的分離（発送電分離）が行われました。各エリアの送配電ネットワークを、地域の電力会社以外の発電事業者や小売電気事業者がより公平に使えるようにすべし、ということです。

これまでの電力自由化の流れを見てきますと、2011年の東日本大震災を契機として、エネルギーの安定供給という観点が強まりはしましたが、特に発電・小売市場の自由化においては経済性が議論の中心ではなかったかと思います。分散化の項で述べたように、分散型電源の普及が進み、設備費用が低減すれば、電力をより安価に供給することが可能になります。ただし、必要な時に必ず電力を供給できるか、細かな出力変動を調整して電力の品質を維持できるか、といった点は、分散型電源の抱える弱点です。従来型の大型電源は、多少の得手不得手はあったにせよ、これらの弱点は大きくありませんでした。そのため従来の電源を前提にしたこれまでの電力市場設計は、分散型電源のような特徴を持つ電源が大量に導入されることを想定していません。このため現在は、**[3章-1]**で述べたように必要な時に供給できることに価値を置いた「容量市場」や、需給調整能力に重きを置いた「需給調整市場」の整備が進められているところです。

将来、分散型エネルギーが主体となるエネルギーシステムでは、インターネットのように誰もがエネルギーをやり取りできる仕組みが構築されていく可能性があります。その場合には「規制緩和」(Deregulation)を超えて、エネルギーの「民主化」(Democratization, 誰もが能動的に参加)につながるでしょう。最後のDである規制緩和・民主化は、他の4つのDの動向を踏まえた上で、それらに対応し、方向転換しながら進んでいるといえるでしょう。

4-2

Society 5.0時代の電気事業

5つのDがもたらすUtility 3.0の世界

2050年のエネルギーの絵姿

前節で取り上げた「5つのD」が、エネルギーや社会全体にどんな変革をもたらすのか、2050年のわが国の電力システムの姿を展望してみましょう。

ここでは2050年のネット・ゼロ・エミッション達成を、次の2つのステップに分けて考えてみます。この2ステップは、必ずしも順番に進むわけではなく、途中からは同時並行で進行することも考えられます。

Step1：再生可能エネルギー・原子力など非化石電源増加と運輸・熱部門の電化（2050年・

温室効果ガス（ＧＨＧ）▲80％程度に相当）

Step2：Step1のさらなる推進、水素・アンモニアの利用、二酸化炭素吸収・利用・貯留（ＣＣＵＳ：Carbon dioxide Capture, Utilization and Storage)

最初にStep1でどのような世界が実現するのかを見ていきましょう。

まず二酸化炭素（CO_2）を発生させない再生可能エネルギーが持続的に価格を下げ大規模に普及すれば、化石燃料を消費している運輸・熱部門などの電化を促すと考えられます。エネルギーの最終消費の段階で化石燃料を燃やして熱や動力を得るか、その代わりに電気を用いるかというエンドユーザーの選択は、化石燃料費に比べて電気に置き換えた場合の電気代が安価であるかどうかという経済性判断により行われることになると考えられます。その際、再エネ価格の低下と化石燃料消費に上乗せされるカーボンプライス[4]の上昇が、さらに電化を促進することになります。

そこで、分散型エネルギー資源（ＤＥＲ）の価格低下とＧＨＧ排出の制約（２０５０年に80％削減）を考慮して、２０５０年のエネルギー需給全体を最適化するシミュレーションを行ってみました。エネルギーに関する国民負担（電気代および燃料費、ただしカーボンプライスによるCO_2負担と地域間連系線増強コストも含む）の総額を、以下の４つの要素を決定変数（最適化の結果として決まる変数）と

4　カーボンプライスとは炭素に価格をつけることによって、①エネルギー需要の削減、②燃料転換、を促す効果を期待するものであり、炭素税などの明示的カーボンプライシングと、炭素の削減を促す政策として行われる暗示的カーボンプライシングがある

図4-6 ｜ GHG削減目標を満たす日本の長期的エネルギーポートフォリオの試算例

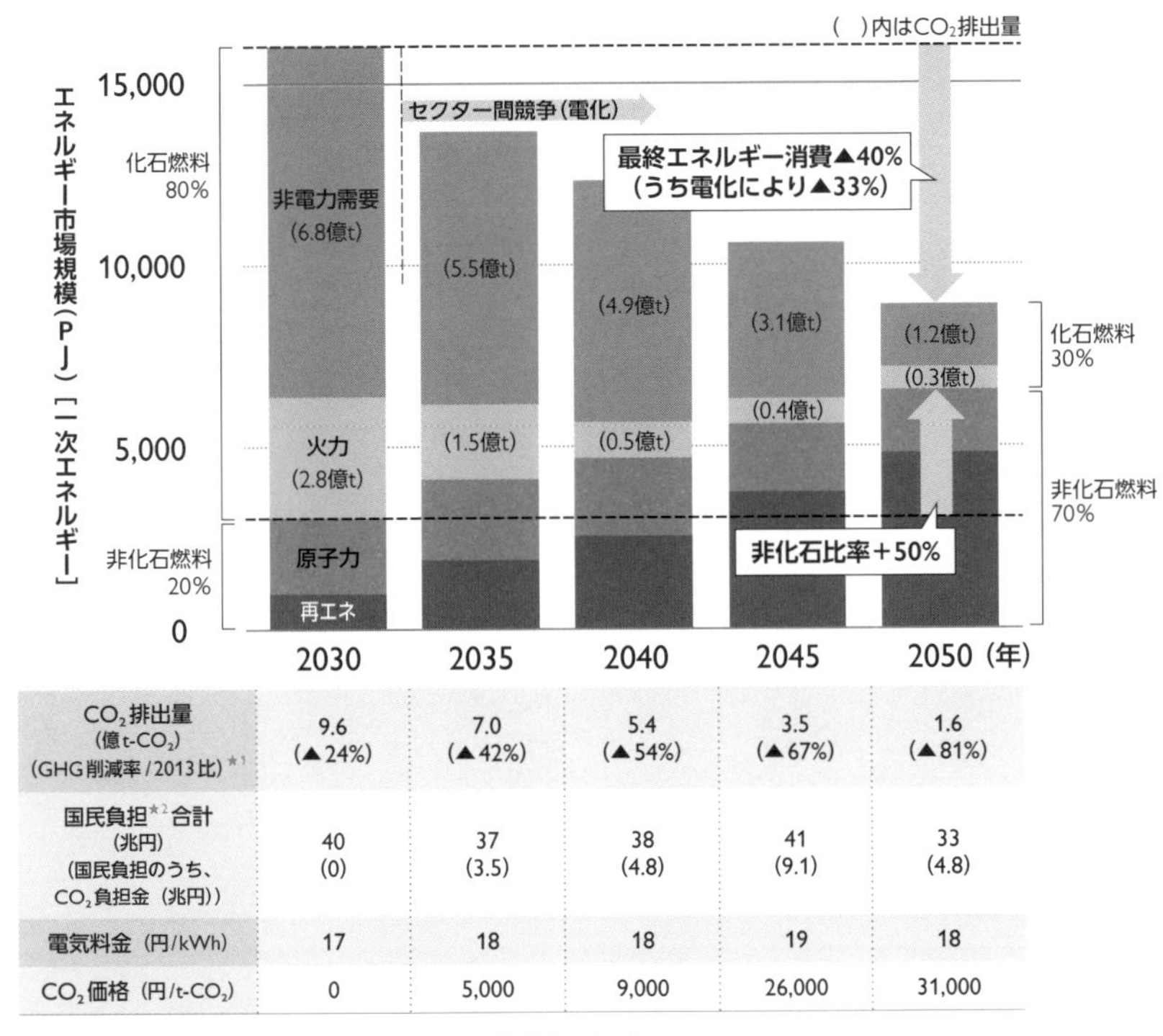

	2030	2035	2040	2045	2050
CO_2排出量（億t-CO_2）（GHG削減率/2013比）★1	9.6（▲24%）	7.0（▲42%）	5.4（▲54%）	3.5（▲67%）	1.6（▲81%）
国民負担★2合計（兆円）（国民負担のうち、CO_2負担金（兆円））	40 (0)	37 (3.5)	38 (4.8)	41 (9.1)	33 (4.8)
電気料金（円/kWh）	17	18	18	19	18
CO_2価格（円/t-CO_2）	0	5,000	9,000	26,000	31,000

★1 GHG削減率は「その他GHG、吸収源（1.15億t）」を加味

★2 電力システムコスト＋非電力燃料費＋非電力CO_2負担

筆者作成

して最小化することで、将来のエネルギーポートフォリオを試算しました 図4-6 。なお詳細な試算条件は巻末付録に記載しましたのでご参照ください。

①家庭用・業務用・産業用の用途ごとの最終エネルギー消費の電化進展

各用途ごとにエネルギー効率（電化あり・なしの場合）とカーボンプライスを考慮し、電化した方がエネルギーコスト（変動費）が小さくなれば、その分野のエネルギー需要が電化されると想定。ただし運輸部門については2050年にはすべて電動化され、そのうち電気自動車（EV）の蓄電池の30%が電力需給の調整に利用できると仮定。

②再生可能エネルギーの開発量

洋上風力発電・太陽光発電それぞれの地点のポテンシャル[5]以内での開発量。再エネの建設コスト低下を織り込み、カーボンプライスも考慮したエネルギー市場価格で投資回収可能（ＩＲＲ８・０％以上）となる発電設備のみが建設されると想定。これ以外の再エネ（水力・地熱など）は長期エネルギー需給見通しにおける導入量と同等と仮定。

③地域間連系線の増強量

再エネの地域的偏在により、その開発次第では地域間連系線の輸送能力増強が必要となるため、増強コストを国民負担に加味した上で、国民負担全体を最小化する設備投資が実施されると想定。

④カーボンプライス

温暖化ガス排出制約が満足されるまで、化石燃料消費にカーボンプライスを上乗せ。

試算結果では、再エネ導入と需要側の電化が大きく進展し、２０３０年以降の20年間で最終エネルギー消費が40％（一次エネルギー換算で45％）減少しました。このうち33％は主に熱部門と運輸部門の電化によるエネルギー効率向上、いわゆる「セクターカップリング[6]」の効果です。また再エネの価格低下と化石燃料消費の削減により、エネルギーに関わる国民負担の総額は２０３０年時点の年間40兆円が２０５０年には年間33兆円まで減少しました。このうち地域間連

5　洋上風力では基幹系統の電気所などから50ｋｍ圏内で、東京湾内などを除く全国64海域について、さらに海域ごとに風況マップを用いて区域を細分

6　電力、熱、輸送などセクターを独立に扱うのではなく、相互に連携させることで社会全体としてCO_2を大きく削減しようとする考え方。電気を熱に変えたり（Power to Heat）、運輸部門を電動化したり（Power to Transport）、ガス・水素に変える（Power to Gas）などからなる

系線の増強費用は2030~2050年の累計で2・1兆円、また2050年時点のカーボンプライスによるCO_2負担は年間4・8兆円になりました。ただし、炭素税のような形態とすれば、国民に還元可能な資金となります。

このシミュレーションでは、需要の電化のために要するイニシャルコストや各地域内での送配電設備（EVの充電インフラなども含む）増強コストなどを考慮していませんが、国民負担の軽減分が年間7兆円あることを考慮すれば、その投資についても十分回収の可能性があることを示していると考えられます。また、モーターにより物を動かしたり加熱する工程が電化されることで、より精密な計測・制御が可能となり、いわゆるSociety 5.0[7]時代を迎える産業や社会の生産性向上や作業環境の改善などの付加価値も期待できます。

このような最適化シミュレーションでは、その前提の置き方によって計算結果も当然に異なってきますが、ここで得られた結果は、将来の電力システムについて以下のような論点を示唆していると考えることができるでしょう。

a　化石燃料を代替するために必要となる脱炭素化された一次エネルギー源としては、再エネだけでは追いつかず、次世代原子力発電、CCS（二酸化炭素回収・貯留）技術なども組み合わせることが必要となる可能性が高いと考えられます。図4-7に示した試算結果では洋上風力と太陽光発電

7　サイバー空間とフィジカル（現実）空間を高度に融合させたシステムにより、経済発展と社会的課題の解決を両立する人間中心の社会とされています（190ページ参照）

需要に対して再エネ適地が偏るため系統増強が必要となるが、
系統増強コストを考慮した電源立地誘導による全体最適化が重要

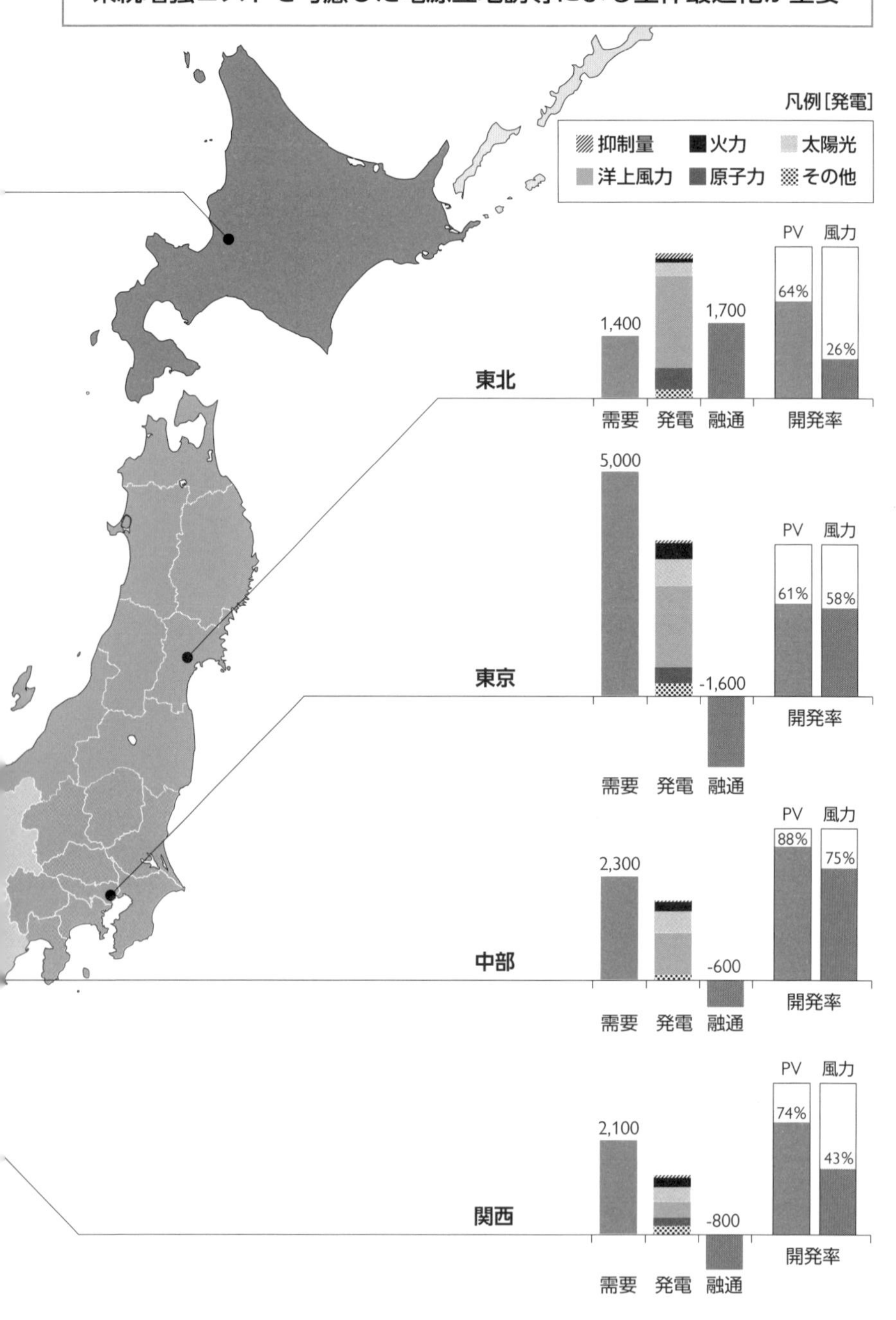

図4-7 | 2050年の予想再エネ導入量と需要予測のバランス試算

	需要(億kWh)	導入量(万kW)	
	需要	太陽光発電(PV)	洋上風力
北海道	700	600	1,200
東北	1,400	2,900	5,900
東京	5,000	5,100	6,000
中部	2,300	4,100	2,900
北陸	500	1,200	2,200
関西	2,100	2,900	1,300
中国	1,800	2,500	5,800
四国	500	1,100	1,400
九州	1,700	2,000	4,500
合計	15,900	22,500	31,400

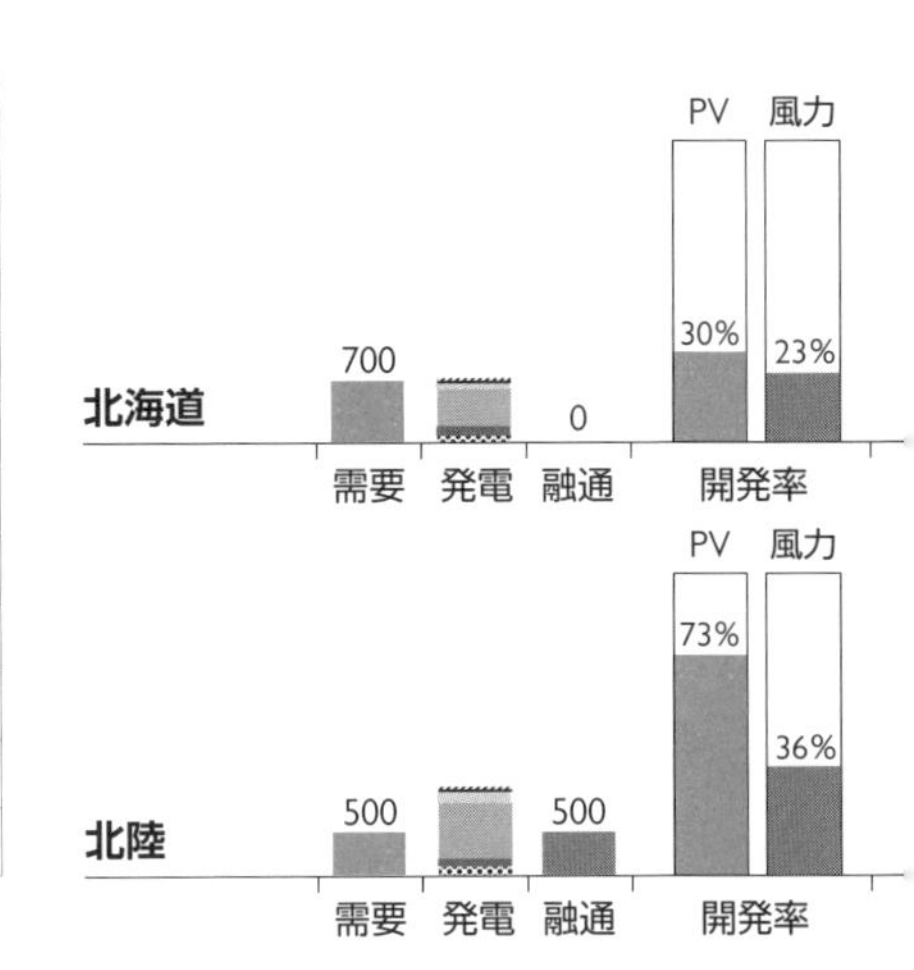

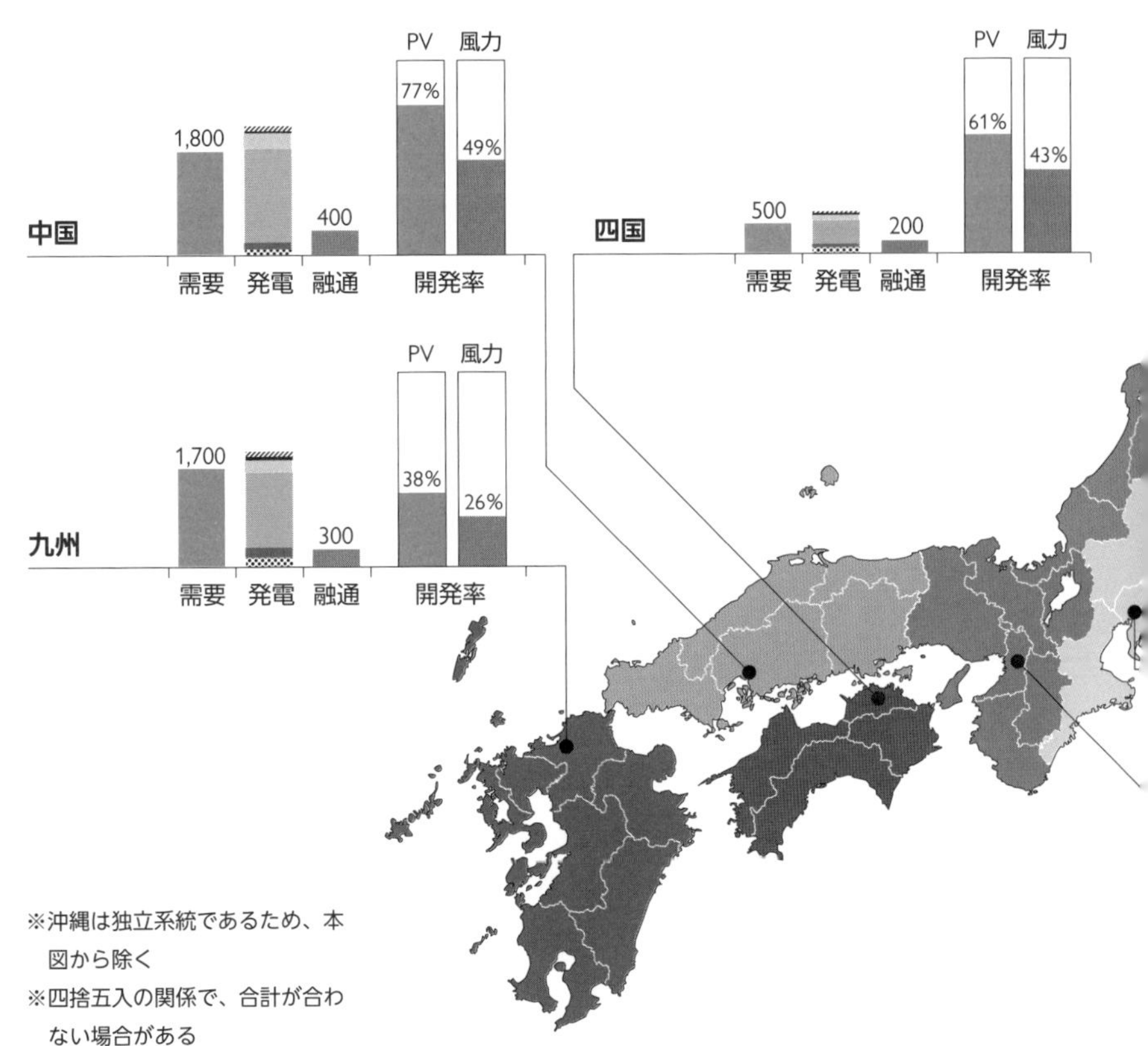

※沖縄は独立系統であるため、本図から除く

※四捨五入の関係で、合計が合わない場合がある

筆者作成

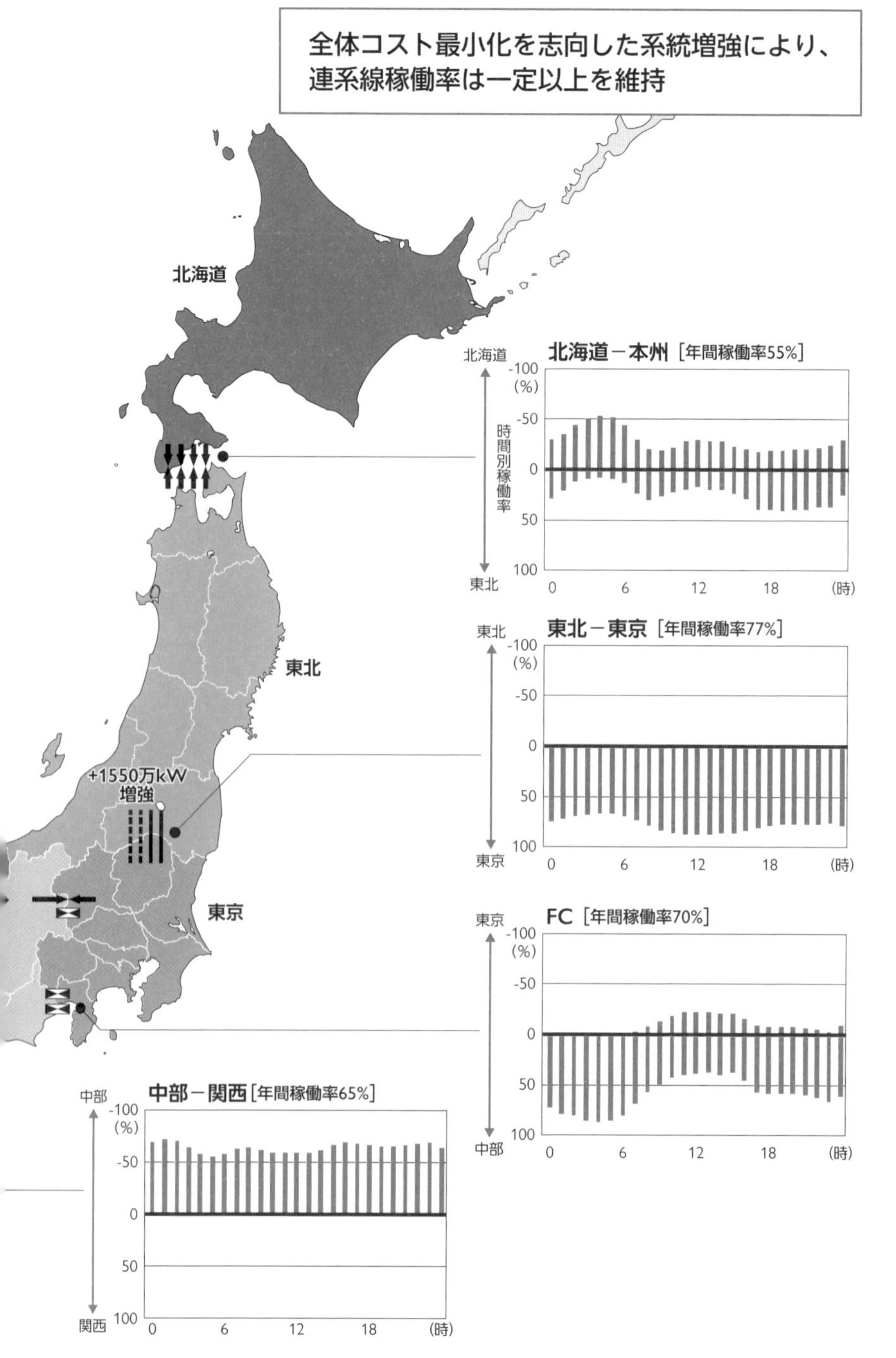

※沖縄は独立系統であるため本図から除く

図4-8 2050年の地域間連系線の増強量と潮流状況のシュミレーション

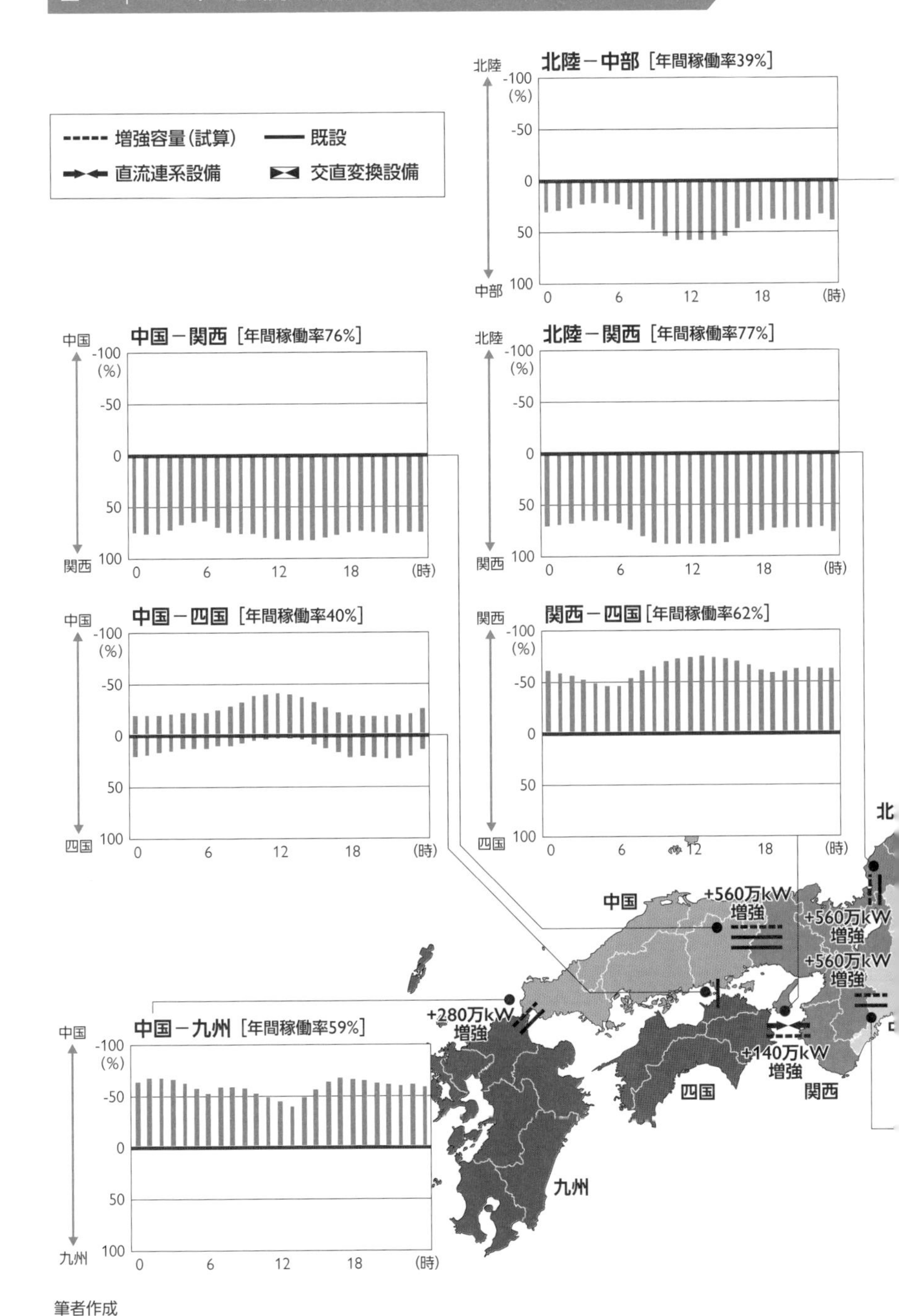

筆者作成

図4-9　2050年の夏の1週間の需給曲線

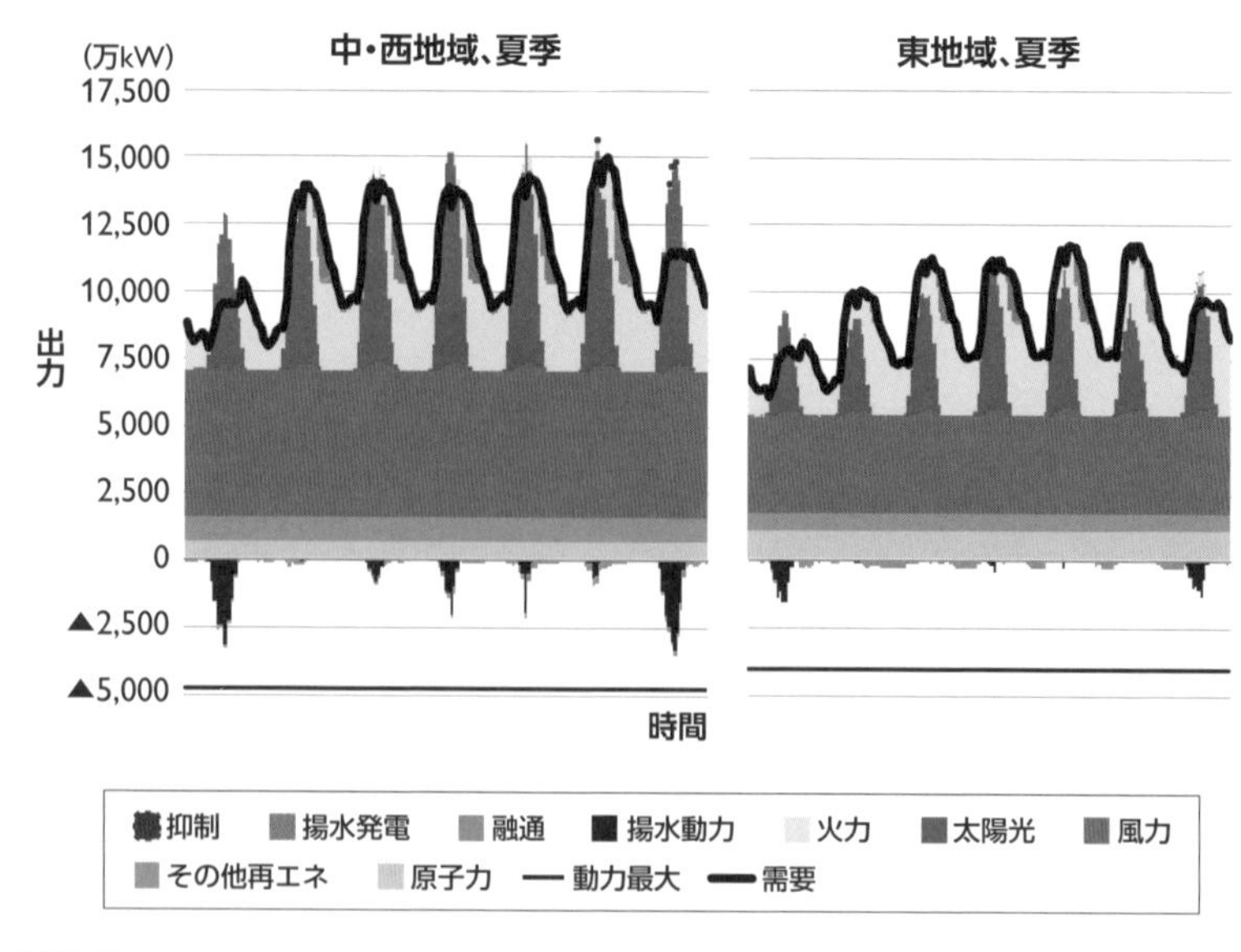

筆者作成

図4-10　2050年の低需要期の需給曲線

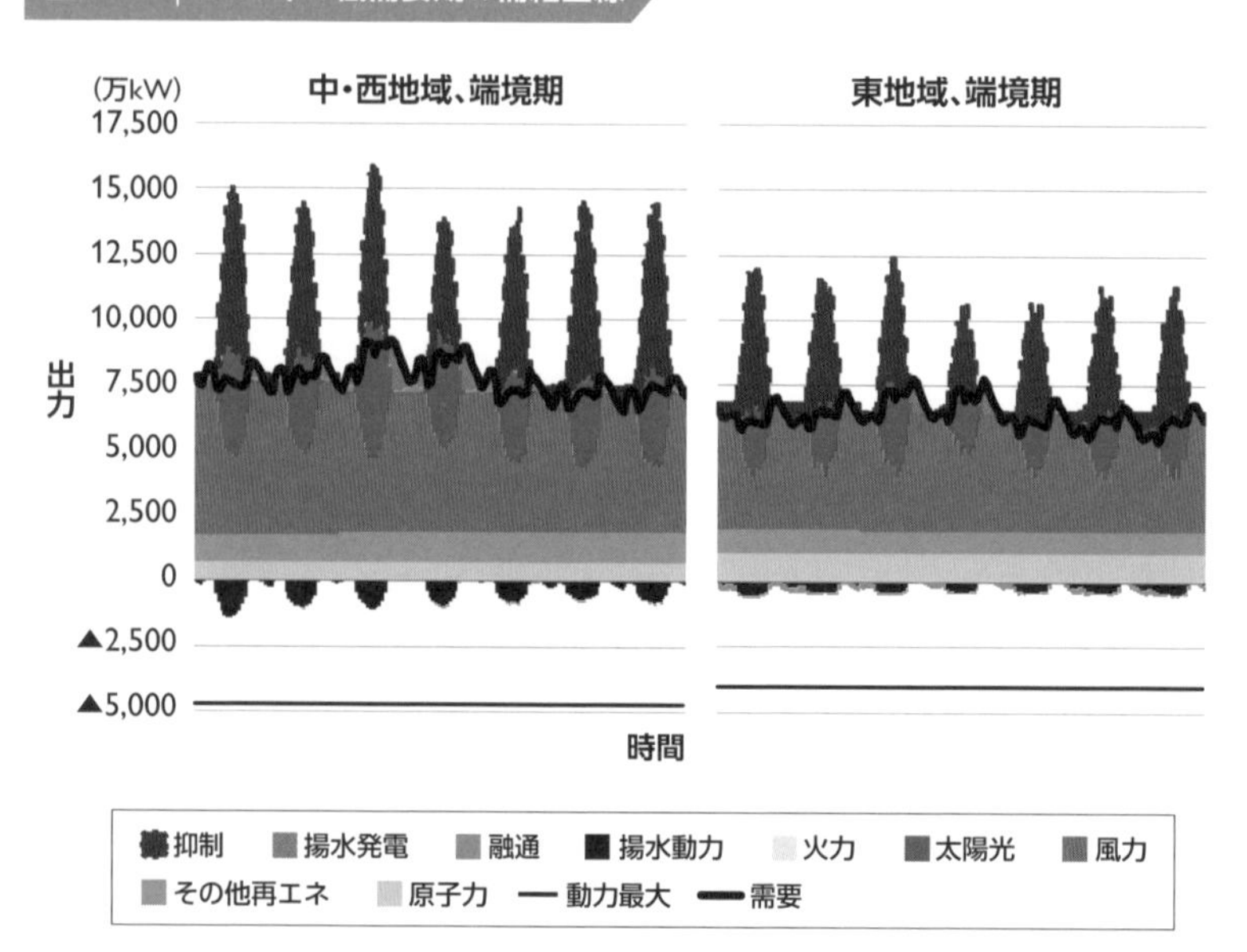

筆者作成

の開発量はそれぞれ3・1億kW、2・2億kWとなりましたが、このうち風力は日本風力発電協会のロードマップにおける2050年の洋上風力導入目標9000万kWの3倍以上（太陽光発電については太陽光発電協会の2050年ロードマップの標準ケース2億kWと最大ケース3億kWの中間レベル）に達しており、実現性に課題があると考えられます。

b　エネルギーポートフォリオの最適化に地域間連系線増強コストを考慮した結果、東地域では洋上風力等の開発が北海道よりも関東・東北地域で進展する結果となり、北海道からの追加的な送電能力増強は必要になりませんでした。一方、関東・中部・近畿地方では、地域内での再エネの開発が進むものの、一定程度の安価な再エネを域外から融通したほうが経済的[8]となり、そのために地域間連系線増強が行われる結果となりました（図4-8）。

連系線増強コストを考慮してエネルギーポートフォリオ（特に洋上風力の開発海域）を最適化できれば、連系線の開発規模が現実的なレベルに抑えられるとともに、発電・送電トータルでの国民負担も抑制できると考えられます。

c　再エネの大規模統合に必要となるフレキシビリティを確保するために、揚水発電とEVの蓄電池の活用が重要となります。また系統混雑も考慮しつつ電力システムの需給ギャップに対応するためには、膨大な数のEV蓄電池などを効果的に利用する仕組みづくりが必要です。

図4-9に示すように夏のピーク需要時でも太陽光発電等による供給過剰が発生し、再エネの出力

8　連系線増強コストを考慮しても、より利用率の高いエリアで洋上風力を開発した方が安価になるようなケースが出てきます

図4-11 | 2050年時点で必要となる容量価値

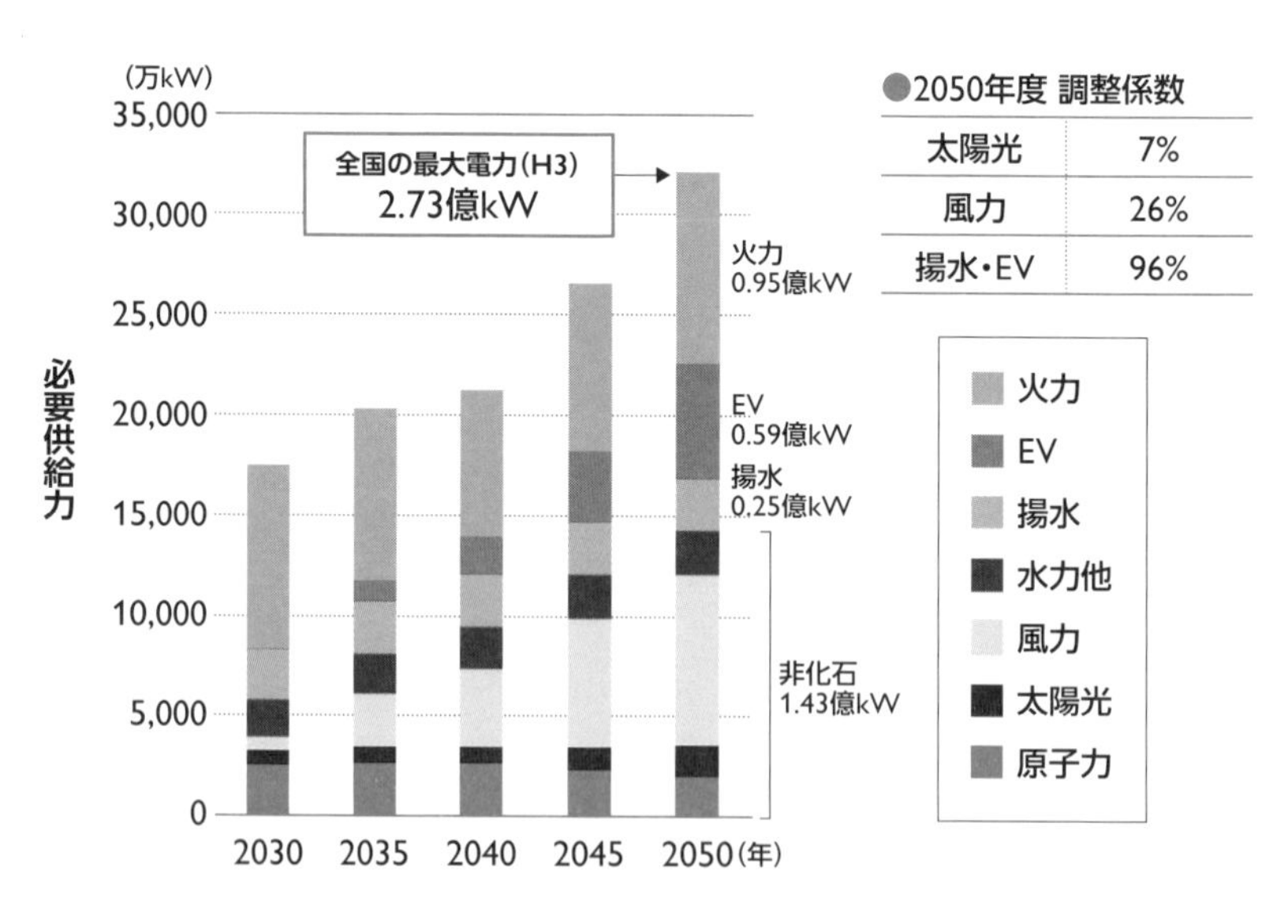

筆者作成

制御が必要となる一方、再エネの発電量が不足する時間帯のバックアップとして火力発電が必要となります。夏季には風力発電の発電量が小さくなるため、そのバックアップが重要になります。

2050年時点で必要となる容量価値（kW価値）図4-11を満たすために、EVの蓄電池が大きな寄与をすることになりますが、それでもなお1億kW近くの火力設備の維持が必要であることがわかりました。

一方で電力需要の少ない年間5000時間程度は火力発電が1台も稼働しないことになるため図4-10、現在火力発電が担う周波数調整や慣性などの系統安定機能を、EV蓄電池、再エネなど分散型エネルギー資源（DER）側に持たせる必要があることがわかります。

ここまで、GHG80％削減を可能とするエネルギーシステムを考えてきましたが、カーボン・ニュートラル達成に向けては、さらなる深掘りが必要です。Step1では、火力発電（1000億kWh）と産業用のエネルギー需要の合計で2400PJの化石燃料消費が残っています。そこでStep2としてこれらのCO_2排出をなくすために、

①火力発電を再エネ・原子力・水素発電に置き換えるか、CCSを導入する。ただし、火力発電が担っているkW価値（0・95億kW）を満たすために原子力・水素発電・蓄電池を使う

②電化が困難な産業用の高温需要には、水素・アンモニアを使う

③水素・アンモニアの製造には、再エネや原子力を活用する

④水素・アンモニアが不足する場合は、海外から輸入する。あるいはノンカーボン電力を国際連系線で輸入する

⑤需要構造そのものを転換する

といった方策が必要となります。ちなみにStep2をグリーン水素の輸入のみで達成するケースでは、約2200億Nm³（将来の水素コストを20円／Nm³とすると年間4兆円以上）の水素が必要となり、CCSだけで達成しようとする場合には年間100万t規模のCO_2回収能力を有するプラントが160カ所に必要になります。また、すべての需要を電化する場合にはStep1に加えて3500億kWhのノンカーボン電力が必要となります。

ネット・ゼロ・エミッションへの深掘りを目指すStep2では、再エネ・原子力・水素（アンモニ

ア利用含む）・電化・ＣＣＳなどのあらゆるオプションを進める必要があり、鋼板に代わる軽量な新素材利用など需要構造そのものの変化によるエネルギー需要減少も必要となるでしょう。

エネルギー分野とその他の分野で起こる融合の世界

▼エンド・ツー・エンド（End-to-End）のエネルギーシステムへ

前節に示したような将来のエネルギーポートフォリオを実現する上では、再生可能エネルギーやＥＶ蓄電池など、多数の分散するエネルギー資源を、市場全体で有効に活用して、パワープールの需給を調整したり、電力ネットワークの混雑管理に活用していくことが必要になります。

そのためには、お客さまサイドにある様々な機器（グリッドの末端に位置することから「グリッド・エッジ」とも呼ばれます）にインテリジェンス[9]を持たせて、グリッド側から提供される地点別・時間別の価格シグナルや、需給状況、グリッドの混雑状況や、これらに関する予測などの情報をもとに、ＤＥＲ側が運転を最適化することで、電力システム全体としても、ネットワークの混雑を考慮しながら需給バランスが取れるようになっていくような仕組みづくりが必要になります。

9　エネルギーマネジメントシステムであるということもできます

図4-12 ｜ EMS（グリッド・エッジにインテリジェンスを持たせる）

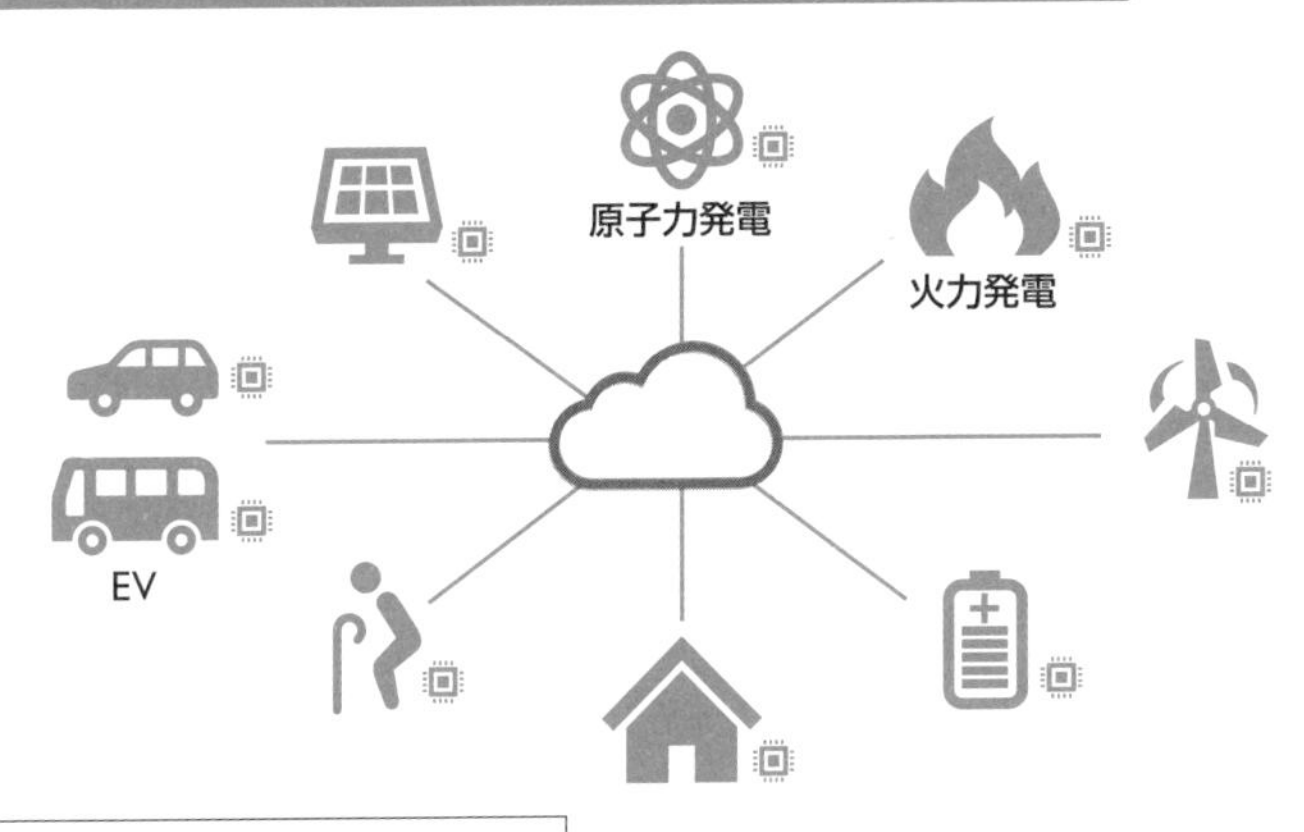

EMS：Energy Management System

1. グリッド・電力市場と端末（エッジ）のインターフェース
   - グリッド情報（価格シグナル含む）などの受信・配信
   - 分散型電源（DER）の運転モニタリング
   - DERの仮想化（VPP）
2. 需要家＋電力市場＋グリッドの状況に応じたDER運転支援
   - 需要予測、発電予測
   - 運転最適化
3. O&M支援、ファイナンス……

筆者作成

▼ネットワークインフラの統合に向けて

今後、人口減少が各地で進むと、過疎化した地域社会において限られた労働人口で社会インフラを維持していくために、インフラ事業者が協力して一種のコンソーシアムを形成し、新たな公共サービスの担い手となっていく必要があると考えられます。

特に運輸部門の電化が進むことによって、EVやドローンが移動型の分散型電源となるため、運輸・物流ネットワークと電力グリッドの相互依存関係が強まります。また、Society 5.0を支える次世代高速無線通信用には基地局を大量に整備する必要が出てきますが、そのために送電鉄塔や電柱などのインフラを共有する必要も生じてきます。将来は、これらのネットワークインフラを相互に利用し、コミュニティ内のイ

図4-13 | 将来の統合型ネットワークインフラ

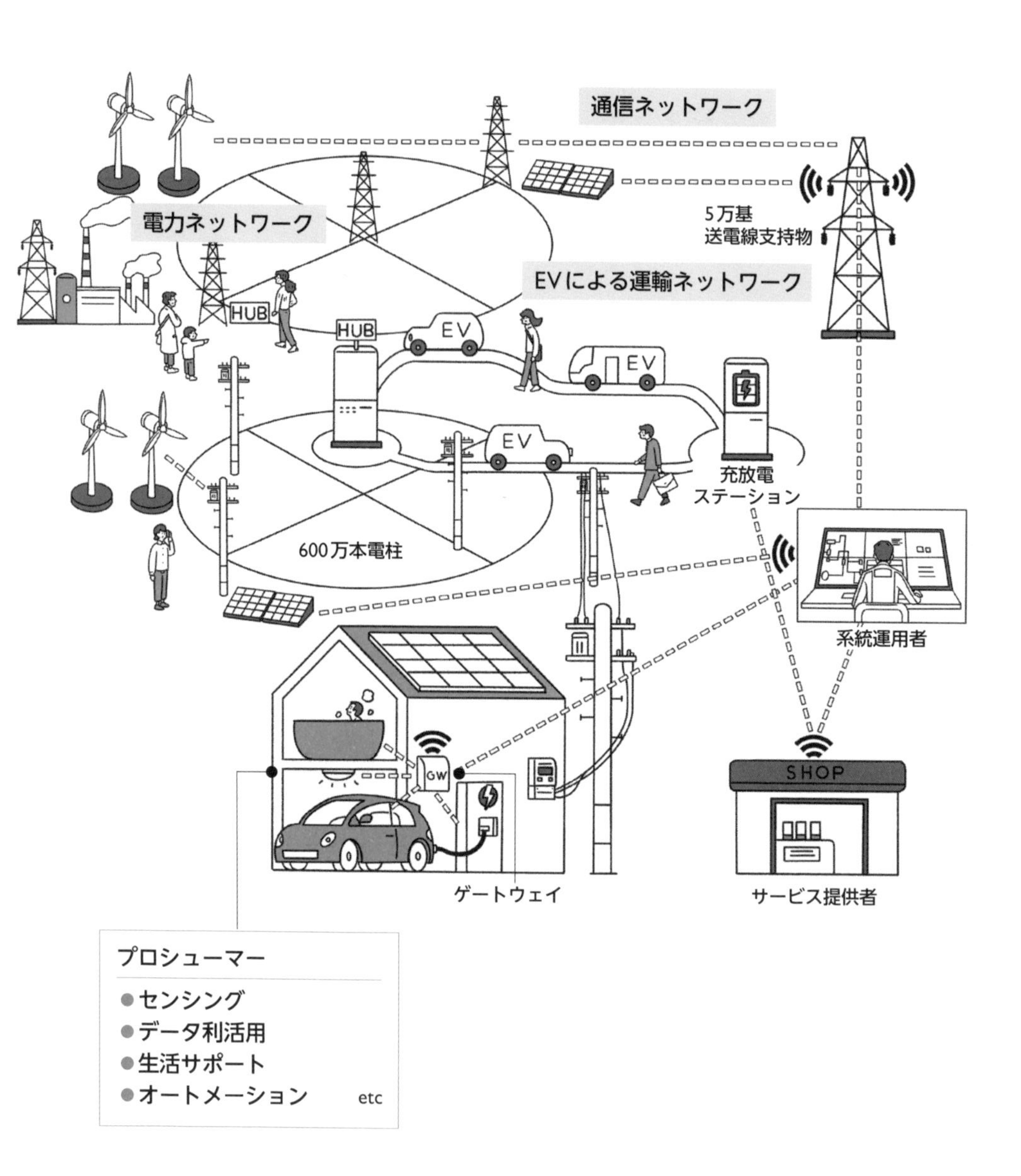

プロシューマー
- センシング
- データ利活用
- 生活サポート
- オートメーション etc

筆者作成

10　道路管理者や系統運用事業者が収集した実績や予測値などの情報

図4-14 | デジタルプラットフォーム

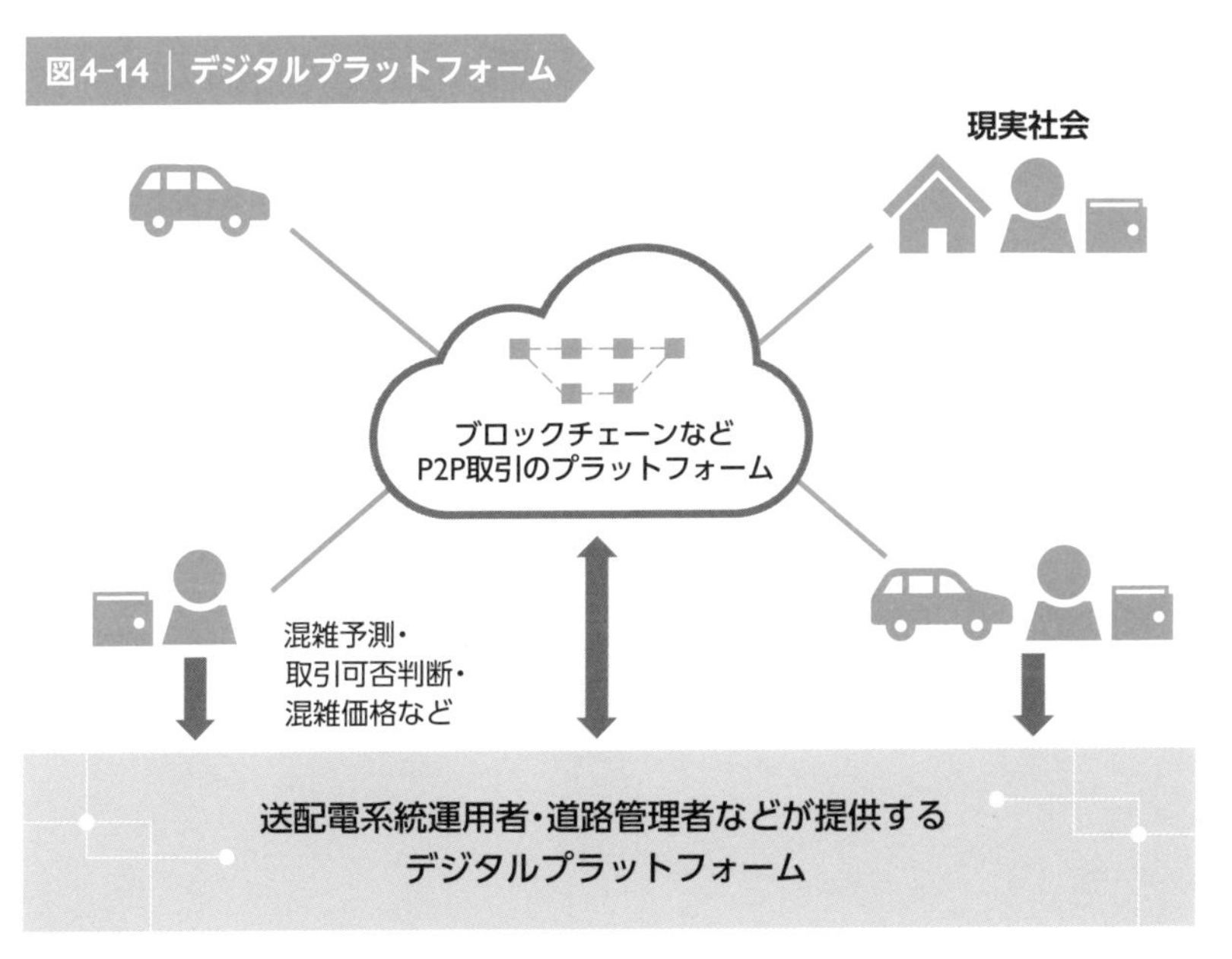

筆者作成

ンフラの総量が最小になるように最適な配置を検討することが重要になります。

また、図4-14にあるように道路やグリッドに関わる様々な情報10に、すべての関係者がアクセスできる「デジタルプラットフォーム」を作り、透明性のある情報やデータを基に、地域社会の様々なプレイヤーがデータ・ドリブンで投資したり様々なサービスを展開するようにしていくことが必要です。エネルギー使用量をはじめとする様々なインフラに関するデータを共有することで、地域のお客さまに新たな価値やサービスを提供することも可能になっていくでしょう。

一方、生産年齢人口減少によるインフラ保守要員の減少に対応するためには、スマート・メンテナンスのための自動運転ドローンやＥＶなどのデジタル・ソリューションを進展させるとともに、地域の保守員を多能化してワンストップで様々なインフラを扱えるようにするなどの工夫も必要になるでしょう。

気候変動抑制のための脱炭素化とレジリエンスの向上、地域ならではの付加価値の創出やインフラ維持など、今後の地域社会が抱える課題を解決するためには、多くのインフラ所有者やサービス提供者との連携が必要です。

将来の「Utility 3.0」は、統合型インフラサービス事業者として、地域社会の持続的発展に貢献していくことが求められます。

●コスト

項目	前提条件

PV・風力導入コスト

- 再エネ大量導入・次世代NW小委員会（2030）、BloombergNEF（2050）の想定値などを用いて、再エネコストの低減を考慮
- 2030年 PV資本費＝10万円／kW、洋上風力資本費＝25万円／kW
- 2050年 PV資本費＝4.4万円／kW、洋上風力資本費＝19万円／kW

連系線コスト

- 広域系統整備委員会資料などより連系線増強コストを想定
- 北海道―東北間、中国―九州間は同委員会の工事内容を、それ以外は、今回連系線および関連地内増強を想定し、上記の工事単価を用いて想定

	北海道－東北	東北－東京	東京－中部	北陸－関西	中部－関西	中部－北陸	関西－中国	中国－四国	関西－四国	中国－九州
年経費（億円/万kW/年）	3.66	0.59	1.04	0.28	0.15	1.04	0.35	0.12	0.91	0.47
増強可能容量（万kW）	30	1546	556	556	556	556	556	90	140	280
増強規模（ルート・回線）	DC1ルート・双極1回線	500kV2ルート・4回線	DC1ルート双極2回線	500kV1ルート・2回線	500kV1ルート・2回線	DC1ルート・双極2回線	500kV1ルート・2回線	500kV1ルート・1回線	DC±500kVへ昇圧	500kV1ルート・1回線

非電力コスト

- 産業用の燃料費はCIF価格と製造ロスから想定
- 業務用・家庭用・運輸部門の燃料費は、小売価格の過去実績およびCIF価格を考慮して想定
- 電化のために要するイニシャルコストは未考慮

●電化関連

項目	前提条件

電化想定方法

- 産業用・業務用・家庭用・運輸の各分野について、使用燃料（石炭/石油/ガス）ごとに電化を想定
- 機器効率とカーボンプライスを考慮した上で、電化コスト（電化した場合の電気料金）と非電化コスト（電化しない場合の燃料費）を比較して、電化した方がコストが安い場合に電化すると仮定
- 電化率は、各分野、使用燃料ごとの非電化コスト／電化コストの価格比率を用いて決定し、非電化コストが電化コストの1.5倍になると電化率100%とした

機器効率

- 機器効率は『エネルギー産業の2050年　Utility3.0へのゲームチェンジ』や燃種別のエネルギー消費比率から下記の通り設定

	産業用		業務用		家庭用		運輸	
	非電化	電化	非電化	電化	非電化	電化	非電化	電化
石炭	80%	103%	80%	234%	80%	301%	1.67 MJ/km	0.40 MJ/km
石油	80%	111%	80%	400%	80%	302%		
ガス	83%	120%	80%	192%	83%	262%		

●最適化のためのモデリング

「数理計画法による脱炭素社会におけるエネルギーポートフォリオと整合した電源配置と系統増強の最適計画手法の開発」

電気学会電力エネルギー部門大会論文 I－35（2020年9月）

●需要など

項目	前提条件
エネルギー需要	●人口減、GDP成長率0.3%を考慮し需要を想定 ●2050年の最終エネルギー消費は全国で約10,000PJと想定。 (2017年実績と比較し、▲10%)
燃料費	●IEA World Energy Outlook 2019より想定 ●2030年度CIF価格＝93＄/b、2040年度CIF価格＝108＄/b 以降据え置き
連系線	●広域系統整備委員会の資料に基づき、下記の連系線増強を織り込み (カッコ内は2030年度の容量) 北海道ー東北間(120万kW) ※増強時期未定分を含む 東京ー中部間(300万kW) 東北ー東京間(1,028万kW)
環境規制	●エネルギー全体でのGHG排出量が2050年度でGHG▲80%を達成 ●化石燃料消費に上乗せされるカーボンプライスを想定
市場設計	●電力市場で現行のkWh市場と容量市場を想定
電気料金	●電力市場における小売負担、託送費用、販売管理費および連系線増強に関わるコストから算定・託送費用 ●販売管理費については、各エリアのJEPXのエリアプライスと小売販売価格の過去実績からエリア別に想定

●電源など

項目	前提条件
再生可能エネルギー導入量	●太陽光発電(PV)および洋上風力は市場収益でIRR8%確保可能な範囲で開発されると想定 ●陸上風力は供給計画などから2030年の導入量を想定し、2030年以降は据え置き ●一般水力および地熱・バイオマス発電は、長期エネルギー需給見通しと同程度と想定
PVポテンシャル	●再生可能エネルギーに関するゾーニング基礎情報(環境省)から全国で3.6億kWと想定
洋上風力ポテンシャル	●既存の基幹系統の有効活用の観点から、基幹系統の電気所などを優先して連系点として設定 ●連系点から半径50km圏内で、水深200m以上、離岸距離30km以上、国立・国定公園、東京湾内などを除く全国64海域について、さらに海域ごとに風況マップを用いて区域を細分 ●全国のポテンシャルは8.4億kWと想定(着床式・浮体式合計)
電気自動車(EV)導入台数	●2050年でEV(自家用)が4000万台普及するものと想定 ●EV1台当たりの蓄電容量を60kWh、EVの充放電能力を5kWとした上で、導入された全EVの30%に相当する車両が系統に接続されていると仮定し、シミュレーションにおいて8760時間、需給調整に利用
揚水	●現状と同等の設備が維持されると想定
火力	●現在稼働している電源に加えて、廃止・建設計画を考慮して想定
原子力	●60年廃炉を前提として設備量を想定

おわりに

10年以上前になりますが、スマートグリッドという言葉が世の中でちらほら語られ始めた2008年に、当時電気新聞論説主幹だった藤森礼一郎さんと共著で『Dr.オカモトの系統ゼミナール』という本を出版しました。当時は一般向けの電力系統の解説書が少なく、期待を超えて長い期間、多くの読者に手にとっていただくことができました。ただ、その後に起きた電力システム改革などを考えると、そろそろ内容の更新が必要かなと気になっていました。

2017年に共著で『エネルギー産業の2050年 Utility 3.0へのゲームチェンジ』を出版し、より俯瞰的に将来のエネルギーや社会のあり方を考え、多くの方との議論や協業を進める中で、あらためて電力グリッドの果たすべき役割への気づきがあり、その内容を多くの方に伝えたいと思うようになりました。

ちょうどそんな折、電気新聞さんからお声がけいただき、かつての「系統ゼミナール」を新たな本として書き下ろすことにしました。といっても書きたいことは山ほどあるのに筆が進まず、担当された電気新聞メディア事業局の土方紗雪さんに心配と迷惑をかけ続けることになりました。出版にこぎ着けたのは、土方さんと円浄加奈子メディア事業局長による叱咤激励と献身的なご尽力、また電気新聞の皆様のご協力のおかげです。

本書では将来の電力グリッドの役割を展望するために、試算例を紹介しています。その目的は、未来を予測することではなく、より良い未来を創っていくために何が重要となるかを定量的に考える材料を提供することです。エネルギーのトランスフォーメーションを進めるために必要となる合意形成のためには、今まで以上に多様な機関・企業や研究者の衆知を集める必要があります。本書に示したのはあくまで一試算にすぎず、このような検討が様々な立場から広く行われることを期待しています。また、本書で示した見解は、あくまで筆者個人のものであることもご了承いただければと思います。

安宅和人さんには、大変ご多忙な中、本書のための対談を快くお引き受けいただきました。「残すに値する未来」を考え続け、実際にパワフルに行動されている安宅さんの姿に、エネルギー事業に携わる一人として勇気をいただきました。

最後に、この本の出版にあたり、これまでお世話になったすべての方々に感謝申し上げます。そして、新たな「電力グリッド」への変革を、一人でも多くの方と一緒に進めていきたいと強く願っています。

2020年12月

岡本　浩

A
AC 35
AFC 141, 159

B
BETTA（英） 90
BG 120, 124

C
CCS 203
CCUS 214

D
DC 35
Decarbonization 135, 201, 202
Decentralization 201, 205
Democratization 202, 212
Depopulation 201, 209
DER 214, 224
Deregulation 201, 211
Digitalization 201, 207
DNO（英） 88
DR 32, 115, 116, 118, 139
DSO 95
DX 186

E
E.ON 95
EDC 141
EdF（フランス） 98
EnBW 95
End-to-End 226
Enel（イタリア） 100
Energywende（ドイツ） 96
EV 116, 139, 181, 206
FERC（米） 85

F
FIT 21, 135, 206
FIT–CfD（英） 90

G
GC 122
GEI 構想（中国） 104
GF 141
GHG 214

I
inertia 43, 148
ISO 86
ITO（フランス） 98

J
JEPX 94

K
kWh 60
kWh 価値 112,113
kW 価値 60, 113, 118, 132, 224

M
Marginal Cost 124
Merit Order 124

N
N-1 基準 172
N-1 電源制限 150
NERC（米） 85
NETA（英） 90
Nordel 92

P
PJM 134
Power-to-X 戦略（ドイツ） 96
PPA 120

R
RIIO–2（英） 90
RTO 86
RWE 95

S
SCED 110
SGCC（中国） 102
SNS 182
Society5.0 190, 217

T
TSO 88, 95

U
UFR 158
UHV 102
Utility 17
Utility1.0 18, 180
Utility2.0 18, 180
Utility3.0 180, 190, 230

V
Vattenfall 95
VPP 32

数字
2 度目標 204
3 つの価値 114
50Hz 42, 45
5 つの D 201
60Hz 42, 45
9 電力会社 77

その他
⊿ kW 126, 139
⊿ kW 価値 60, 113, 116, 132

に
ニコラ・テスラ　68
二酸化炭素回収・貯留　203
二酸化炭素吸収・利用・貯留　214
二次調整力　128
日負荷曲線　48
日本卸電力取引所　94
日本発送電　77

ね
ネッティング　131
ネット・ゼロ・エミッション　203, 213
ネットワークインフラ　227

の
ノルドプール　92
ノンカーボン電力　225
ノンファーム型接続　150, 153

は
配電自動化システム　164
配電線　33
配電ネットワーク運用者　88, 95
配電ネットワークのアクティブ化　171
バックアップ　207, 224
発送電分離　109
バッテリー　50
発電事業者　120
発電設備　31
バランシンググループ　120, 124
パリ協定　202
パワープール　41, 74, 114

ひ
ピーク　49, 172
非化石化　204
非化石価値　113
非化石価値取引市場　113
非化石電源　213
火の利用　65

ふ
プール市場　88
負荷遮断　174
物理レイヤー　59
部分自由化　79
ブラックアウト　22, 47, 156, 158
ブラックスタート　161, 163
ブラックスタート電源　163
プラットフォーム 24, 31, 180, 183
フレキシビリティ　116, 139, 223
プロシューマー　182, 228
分散化　201, 205
分散型エネルギー資源　214, 224

へ
ベースロード市場　113
ベンジャミン・フランクリン　66

ほ
放射状　51, 52
法的分離　20, 109, 114
北米電力信頼度協議会　84
保護リレー　164
北海道ブラックアウト　158, 160

ま
マイクログリッド　170
マイケル・ファラデー　67

む
無効電力　55

め
メッシュ　52
メリットオーダー　124

も
モノ売りからコト売りへ　208

ゆ
優先給電ルール　144

よ
洋上風力　216
揚水発電所　50
容量価値　113, 118, 224
容量市場　113,132
容量市場の広域化　133
容量制約　132
容量メカニズム　154

り
流通設備　32

る
ループ　51, 52
ループフロー　54

れ
レジリエンス　22, 156, 170, 176
連系　52
連系線　53, 56
連邦エネルギー規制委員会（米）　85

ろ
ロードカーブ　48

自動周波数制御　141
自動周波数制御装置　159
自由化　201, 211
周波数　41, 42, 47
周波数調整機能　146
周波数調整力　139
周波数変換設備　53
周波数変動　46, 158
従量制　71
従量料金　72
需給運用　41
需給調整　37
需給調整市場　113, 121, 128, 132
需給バランス維持　110
出力制御　144
出力制御機能　140
需要側エネルギー資源　116, 139
主力電源化　21
冗長性　170, 172
商用周波数　42
ジョージ・ウェスティングハウス　69
自立運転　170
自励式　161
シンクロナイゼーション　44
人口減少　201, 209

す

水主火従　77
水素　203, 204
水素発電　225
垂直一貫体制　79
垂直統合型　70
スポット市場　113
スマートメーター　184

せ

生産、即消費　36
西電東送　102
セキュリティ　174
セクターカップリング　216
設備容量　132

そ

総括原価　73, 79
想定潮流の合理化　149
送電系統運用者　88, 95
送電混雑　152
送電線　33
送電損失　34
送電容量　149
送配電事業者　185
送配電部門の法的分離　20, 114

た

大規模停電　22
ダイナミックプライシング　185
脱炭素化　135, 181, 201, 202
他励式　160
短周期変動問題　142
弾力的な燃料調達　140

ち

地域間連系線　216
地域間連系線増強コスト　223
地域送電機関（米）　86
地域独占　77
地球温暖化対策計画　204
蓄電池　50, 116, 128, 139
千葉広域停電　164
中国国家電網公司　102
長周期変動問題　144
調整力　126, 139
調整力価値　113, 116, 132
調整力公募　113
超長距離送電　35
潮流　38
直流・交流論争　68
直流　35
直流送電　35, 54
直流連系　160

て

低圧　33
ディスラプター　188
データ×AI　179, 182, 184
デジタル・トランスフォーメーション　186
デジタル化　201, 207
デジタルプラットフォーム　229
デマンド・レスポンス　32, 115, 116, 118, 139
電化　213
電気自動車　116, 139, 181, 206
電気の価値　112
電磁誘導の法則　67
電線地中化　169
電力量計　72
電力グリッド　24, 31, 187
電力系統　29
電力広域的運営推進機関　120, 133
電力購入契約　120
電力小売全面自由化　20
電力市場　58
電力システム　24, 29
電力自由化　109
電力取引レイヤー　59
電力取引　60
電力ネットワーク　29, 32
電力流通設備　29
電力量　60
電力量価値　112, 113

と

同期　44
同期運転　42
同期系統　130
同期発電機　148
同時同量　37
トーマス・エジソン　67, 191
特別高圧　33
独立系統運用者（米）　86
独立送電系統所有者（フランス）　98

な

ナショナル・グリッド　88

索引

あ
アグリゲーター 121
上げ調整 127
アデカシー 174
アフターコロナ 194
アレッサンドロ・ボルタ 66
安定供給 38, 47
安定度 54
アンバンドリング 114
アンモニア 225

い
一次エネルギー 217
一次調整力 128
一般送配電事業者 81, 120, 126
一般電気事業者 80
イナーシャ 43
インバーター 148
インバランス 116

う
運用容量 110

え
エッジ 182
エネルギー基本計画 21
エネルギー転換（ドイツ） 96
エネルギーの民主化 202, 212
エネルギーポートフォリオ 215, 223
エネルギー密度 136
エンド・ツー・エンド 226

お
応援融通 56
欧州共通ネットワークコード 146
オフグリッド 193
卸市場 58
卸電力市場 113
卸発電市場への参入自由化 79
温室効果ガス 214

か
カーボン・ニュートラル 224
カーボンプライス 214, 216
海底ケーブル送電 35
仮想発電所 32
過疎化 201, 209
ガバナフリー 141
可変速揚水発電 128
火力発電 31, 224
慣性エネルギー 43
慣性力 148
間接オークション 94

き
疑似慣性力 140, 148
規制緩和 201,211
北本連系線 160
規模の経済 73
供給義務 73
供給信頼度 132, 174
強制プール 88
緊急時負荷遮断システム 158

く
空間的ギャップ 138, 149
くし形系統 52
グリーン水素 189, 225
グリッド・エッジ 226
グリッドコード 21, 146, 176

け
経済差し替え 125
経済負荷配分制御 141
系統運用 41
系統運用者 120, 126
系統構成 51
系統制約 21, 110, 135
系統制約付き最適負荷配分 110
系統崩壊 22, 156, 158, 174
系統連系規程 146
系統連系 154
ゲートクローズ 122
限界費用 124
限界費用曲線 124
限界利益 114

こ
高圧 33
広域系統運用機関（米） 86
広域停電 156
広域連系 56
公益事業委員会（米） 85
交直変換設備 54
高電圧送電線 33
小売市場 58
小売電気事業者 81, 120
交流 35, 55
コールオプション 118
国民負担 214, 216
固定費 73
コネクト＆マネージ 149
混雑管理 149, 154

さ
再エネの市場統合 155
最終エネルギー消費 203
再生可能エネルギー 20, 135
再生可能エネルギー固定価格買取制度 135, 206
再生可能エネルギー主力電源化 140
再生可能エネルギーの出力制御 144
下げ代不足 144
下げ調整 127
サミュエル・インサル 69
産業革命 65
三次調整力 128
三相交流システム 68

し
時間的ギャップ 139
事故波及 22
市場分断 132
自然独占 73, 79
自然変動電源 135, 146, 148, 206

著者略歴

岡本　浩（おかもと　ひろし）（東京電力パワーグリッド株式会社　取締役副社長）

1965年東京生まれ。麻布高校、東京大学を卒業後、1993年同大学院工学系研究科電気工学専攻博士課程修了、同年東京電力入社。主に電力系統に関わる技術開発や実務に従事。同社常務執行役経営技術戦略研究所長を経て、2017年より現職。日本科学技術振興財団理事、国際大電力システム会議（ＣＩＧＲＥ）本部執行委員、国際電気標準会議（ＩＥＣ）市場諮問評議会委員なども務める。

著書に『Dr.オカモトの系統ゼミナール』（共著、日本電気協会新聞部刊、2008年）、『スマートグリッド学』（共著、日本電気協会新聞部刊、2010年）、『電力システム改革の検証』（共著、白桃書房刊、2015年）など。近著『エネルギー産業の2050年　Utility 3.0へのゲームチェンジ』（共著、日本経済新聞出版社刊、2017年）ではUtility3.0についてより詳しく解説。

グリッドで理解する電力システム

2020年12月9日　初版第1刷発行
2021年1月19日　初版第2刷発行
2021年5月13日　初版第3刷発行
2024年1月28日　初版第4刷発行

著　者　岡本　浩
発行者　新田　毅
発行所　一般社団法人日本電気協会新聞部
〒100-0006
東京都千代田区有楽町1-7-1
Tel 03-3211-1555
Fax 03-3212-6155
https://www.denkishimbun.com

印刷・製本　株式会社太平印刷社
ブックデザイン　志岐デザイン事務所（山本嗣也）
イラスト　藤田　翔

2024 Printed in Japan
ISBN 978-4-905217-87-9 C3034